"十四五"普通高等教育本科部委级规划教材

高分子材料加工工艺及设计实验教程

严玉蓉　邓博豪　主编

侯有军　朱立新　刘运春　副主编

中国纺织出版社有限公司

内 容 提 要

本书主要包括聚合物挤出成型、橡胶的塑炼与混炼、橡胶硫化工艺、聚合物的注射成型、聚合物熔融纺丝实验及纤维形貌观察、3D打印技术原理与工程实践六个综合性实验、橡胶配方设计、增韧聚酰胺6高分子材料及制品设计、高光泽丙纶色丝的制备和动态交联弹性体的制备四个设计性实验，详细介绍了各实验的目的、原理、设备、成型影响因素、步骤及数据处理等。

本书可作为高分子材料与工程及相关专业实验课程的教学用书，也可供企业的工程技术人员、研究人员参考。

图书在版编目（CIP）数据

高分子材料加工工艺及设计实验教程 / 严玉蓉，邓博豪主编；侯有军，朱立新，刘运春副主编． -- 北京：中国纺织出版社有限公司，2023.5

"十四五"普通高等教育本科部委级规划教材

ISBN 978-7-5229-0610-2

Ⅰ．①高…　Ⅱ．①严…　②邓…　③侯…　④朱…　⑤刘… Ⅲ．①高分子材料 —加工 —实验 —高等学校 —教材 Ⅳ．① TB324-33

中国国家版本馆 CIP 数据核字（2023）第 091729 号

责任编辑：范雨昕　　责任校对：寇晨晨　　责任印制：王艳丽

中国纺织出版社有限公司出版发行
地址：北京市朝阳区百子湾东里A407号楼　邮政编码：100124
销售电话：010—67004422　传真：010—87155801
http://www.c-textilep.com
中国纺织出版社天猫旗舰店
官方微博 http://weibo.com/2119887771
三河市宏盛印务有限公司印刷　各地新华书店经销
2023年5月第1版第1次印刷
开本：787×1092　1/16　印张：9
字数：168千字　定价：58.00元

凡购本书，如有缺页、倒页、脱页，由本社图书营销中心调换

前　言

　　《高分子材料加工工艺及设计实验教程》是高分子材料与工程专业必修专业基础课程"高分子物理""高分子材料成型加工基础""高分子材料近代测试"等相关理论课程的延伸，是专业集中实践教学环节的重要组成部分，本书作为该实践教学环节的指导教程，通过对高分子材料具有代表性的基本成型方法的学习和实践，使学生掌握聚合物挤出成型、橡胶的塑炼与混炼、橡胶硫化工艺、聚合物的注射成型、聚合物熔融纺丝实验及纤维形貌观察、3D打印技术原理与工程实践等加工过程的基本原理、工艺流程及主要控制参数，并详细介绍了各实验的目的、原理、设备、成型影响因素、步骤及数据处理等。在此基础上，通过橡胶配方设计、增韧聚酰胺6高分子材料及制品设计、高光泽丙纶色丝的制备和动态交联弹性体的制备四个设计性实验，使学生在充分分析和理解"高分子物理""高分子化学""高分子材料成型加工基础"以及"高分子材料近代测试"理论课程基础知识和材料性能表征实验操作技能的基础上，融入绿色设计理念，能够针对高分子材料、功能材料、复合材料产品设计中的实际配方设计、工艺设定，给出行之有效的方案并展开实施，在客观分析、表征、评价中达到理论与实践相结合的目的，系统培养学生分析复杂工程问题的能力。在完成课程的同时，培养学生的团队合作精神和科研素养。此外，为培养学生良好的科研习惯，本书详细给出了各实验的记录和实验报告模板，供学生使用和参考。

　　本书可作为高分子材料与工程及相关专业实验课程的教学用书，也可供企业的工程技术人员、研究人员参考。

　　本书编写人员均为高分子材料加工及相关领域具有多年实验教学和实践经验的教师，在此谨向他们致以诚挚的感谢！

　　各章节编写人员及分工如下：

　　第1章：赖学军，邓博豪

　　第2章：唐征海

　　第3章：朱立新

　　第4章：王小萍，邓博豪

第5、第9章：严玉蓉，郭熙桃

第6章：侯有军

第7章：刘运春，陈朝晖，方跃胜

第8章：刘述梅，邓博豪

第10章：蒋智杰

在编写过程中，刘钊、邢玉静参与了书稿的排版和部分整理、统计工作，在此一并表示衷心的感谢。

编者

2023年1月

目　录

第1章　聚合物挤出成型 ·· 1

　1.1　概述 ·· 1

　1.2　实验目的 ·· 1

　1.3　实验原理 ·· 1

　1.4　实验设备 ·· 2

　　1.4.1　挤出机的基本结构及作用 ······································ 2

　　1.4.2　挤出过程螺杆各段的职能 ······································ 4

　　1.4.3　挤出成型的工艺过程 ·· 5

　1.5　工艺设定对制品性能的影响 ·· 5

　　1.5.1　原料准备和预处理 ·· 5

　　1.5.2　工艺设定 ·· 6

　1.6　实验原料及实验仪器 ·· 7

　　1.6.1　实验原料 ·· 7

　　1.6.2　实验仪器 ·· 7

　1.7　实验步骤 ·· 9

　　1.7.1　原料的准备和预处理 ·· 9

　　1.7.2　挤出机的操作步骤 ·· 9

　1.8　实验数据处理 ·· 9

　1.9　实验现象与结果分析 ·· 10

　1.10　思考题 ··· 10

　1.11　注意事项 ··· 11

　参考文献 ··· 11

第2章　橡胶的塑炼与混炼 ··· 12

　2.1　橡胶的塑炼 ·· 12

　　2.1.1　概述 ·· 12

2.1.2 实验目的 ·· 12

2.1.3 实验原理 ·· 12

2.1.4 实验设备 ·· 15

2.1.5 工艺设定对制品性能的影响 ············· 15

2.1.6 实验原料 ·· 16

2.1.7 实验步骤 ·· 16

2.1.8 实验数据处理 ····································· 17

2.1.9 实验现象与结果分析 ························· 17

2.1.10 思考题 ·· 17

2.1.11 注意事项 ·· 17

2.2 橡胶的混炼 ·· 17

2.2.1 概述 ·· 17

2.2.2 实验目的 ·· 17

2.2.3 实验原理 ·· 17

2.2.4 实验设备 ·· 20

2.2.5 工艺设定对制品性能的影响 ············· 20

2.2.6 实验原料 ·· 21

2.2.7 实验步骤 ·· 21

2.2.8 实验数据处理 ····································· 22

2.2.9 实验现象与结果分析 ························· 22

2.2.10 思考题 ·· 23

2.2.11 注意事项 ·· 23

参考文献 ··· 23

第3章 橡胶硫化工艺 ······························· 24

3.1 橡胶硫化过程 ······································· 24

3.1.1 硫化的定义 ······································ 24

3.1.2 橡胶硫化体系的发展历程 ················· 24

3.1.3 橡胶硫化历程 ···································· 24

3.1.4 橡胶硫化过程中的性能变化 ············· 26

3.2 实验目的 ··· 26

3.3 橡胶正硫化时间 ···································· 27

3.3.1　实验设备 ·· 27

3.3.2　实验原料（以天然胶硫化为例）··················· 28

3.3.3　实验步骤 ·· 28

3.4　橡胶硫化工艺 ·· 28

3.4.1　实验设备 ·· 28

3.4.2　实验原料（以天然胶硫化为例）··················· 29

3.4.3　实验步骤 ·· 29

3.5　工艺设定对制品性能的影响 ····························· 30

3.5.1　硫化温度 ·· 30

3.5.2　硫化压力 ·· 30

3.5.3　硫化时间 ·· 31

3.6　实验数据处理 ·· 31

3.6.1　硫化曲线实验记录 ·································· 31

3.6.2　平板硫化操作实验记录 ······························ 31

3.7　实验现象与结果分析 ···································· 31

3.8　思考题 ·· 32

3.9　注意事项 ·· 32

参考文献 ··· 33

第4章　聚合物的注射成型 ···································· 34

4.1　概述 ·· 34

4.2　实验目的 ·· 34

4.3　实验原理 ·· 35

4.3.1　闭模 ·· 35

4.3.2　注射装置前移和注射 ································ 35

4.3.3　保压 ·· 36

4.3.4　冷却和预塑 ·· 36

4.3.5　开模顶出制件 ······································ 36

4.4　实验原料及实验设备 ···································· 36

4.4.1　实验原料 ·· 36

4.4.2　实验设备 ·· 36

4.5　工艺设定对制品性能的影响 ····························· 43

4.5.1 理论注射量 ································· 43

4.5.2 注射压力 ···································· 43

4.5.3 注射速率（注射速度） ················ 43

4.5.4 锁模力 ······································ 44

4.5.5 塑化能力 ···································· 44

4.5.6 模板尺寸及拉杆内间距 ··············· 44

4.5.7 动模板行程 ································ 44

4.5.8 模具最小厚度与最大厚度 ············ 44

4.6 实验步骤 ·· 44

4.6.1 拟定实验方案 ····························· 44

4.6.2 界面 ·· 45

4.6.3 注射试样（制品） ······················ 47

4.6.4 试样性能检验 ····························· 49

4.7 实验数据处理 ····································· 49

4.8 思考题 ·· 50

4.9 注意事项 ··· 51

参考文献 ··· 51

第5章 聚合物熔融纺丝实验及纤维形貌观察 ········· 52

5.1 聚合物熔融纺丝 ·································· 52

5.1.1 概述 ·· 52

5.1.2 实验目的 ···································· 54

5.1.3 实验原理 ···································· 54

5.1.4 实验原料及实验设备 ··················· 56

5.1.5 工艺设定对制品性能的影响 ·········· 57

5.1.6 实验步骤 ···································· 60

5.1.7 实验数据处理 ····························· 62

5.1.8 实验现象与结果分析 ··················· 63

5.1.9 思考题 ······································· 63

5.1.10 注意事项 ·································· 63

5.2 纤维微观形貌观察 ······························ 64

5.2.1 概述 ·· 64

5.2.2 实验目的 …………………………………………………………… 65

5.2.3 实验原理 …………………………………………………………… 65

5.2.4 实验原料及实验设备 ……………………………………………… 66

5.2.5 工艺设定对制品性能的影响 ……………………………………… 66

5.2.6 实验步骤 …………………………………………………………… 66

5.2.7 实验现象与结果分析 ……………………………………………… 67

5.2.8 思考题 ……………………………………………………………… 67

5.2.9 注意事项 …………………………………………………………… 67

参考文献 ………………………………………………………………………… 67

第6章　3D打印技术原理与工程实践 ………………………………………… 68

6.1 概述 ………………………………………………………………………… 68

6.2 实验目的 …………………………………………………………………… 69

6.3 实验原理 …………………………………………………………………… 70

6.3.1 FDM型3D打印工艺的基本原理 ………………………………… 70

6.3.2 FDM型3D打印工艺的优缺点 …………………………………… 70

6.4 实验设备 …………………………………………………………………… 71

6.4.1 FDM型3D打印机的结构组成及分类 …………………………… 71

6.4.2 实验设备技术参数 ………………………………………………… 74

6.4.3 三维建模软件——SolidWorks软件 …………………………… 75

6.4.4 三维切片软件——Cura软件 …………………………………… 75

6.5 工艺设定对制品性能的影响 ……………………………………………… 79

6.5.1 切片厚度 …………………………………………………………… 79

6.5.2 喷头温度 …………………………………………………………… 80

6.5.3 热床温度 …………………………………………………………… 80

6.5.4 打印速度 …………………………………………………………… 80

6.5.5 风扇速度 …………………………………………………………… 80

6.5.6 支撑结构 …………………………………………………………… 80

6.5.7 填充结构 …………………………………………………………… 80

6.5.8 模型摆放 …………………………………………………………… 81

6.6 实验原料 …………………………………………………………………… 81

6.6.1 FDM型3D打印线材的种类及特性 ……………………………… 81

6.6.2 实验使用的打印线材 ·················· 82

6.7 实验步骤 ······························· 83

6.7.1 开机及平台调平 ···················· 83

6.7.2 上料和换料 ······················· 84

6.7.3 开始打印 ························· 85

6.7.4 暂停/继续打印 ···················· 85

6.7.5 打印完毕 ························· 86

6.8 实验数据处理 ························· 86

6.8.1 打印线材的线径测量（千分尺） ········ 86

6.8.2 打印参数对打印质量的影响 ··········· 86

6.9 实验现象与结果分析 ··················· 87

6.10 思考题 ····························· 87

6.11 注意事项 ··························· 87

参考文献 ······························· 88

第7章 橡胶配方设计 ·························· 89

7.1 概述 ································· 89

7.1.1 橡胶配方的表示方法 ················ 89

7.1.2 典型的硫化体系 ··················· 90

7.2 实验目的 ····························· 91

7.3 实验原理 ····························· 91

7.3.1 硫化体系组成对橡胶硫化速率的影响 ····· 91

7.3.2 填料对胶料硫化速率的影响 ··········· 92

7.3.3 橡胶厚制品正硫化时间的测定 ········· 92

7.3.4 发泡点的定义 ····················· 94

7.3.5 后硫化效应 ······················· 94

7.4 实验设备 ····························· 94

7.4.1 橡胶无转子硫化仪 ·················· 94

7.4.2 平板硫化机 ······················· 94

7.4.3 密炼机 ··························· 94

7.4.4 开炼机 ··························· 94

7.4.5 硫化在线测温仪 ··················· 95

7.5　实验步骤 ………………………………………………………………… 95

7.6　实验任务 ………………………………………………………………… 98

7.7　实验报告要求 …………………………………………………………… 98

7.8　思考题 ………………………………………………………………… 101

第8章　增韧聚酰胺6高分子材料及制品设计 …………………………… 102

8.1　概述 …………………………………………………………………… 102

8.2　实验目的 ………………………………………………………………… 102

8.3　实验原理 ………………………………………………………………… 103

8.3.1　增韧改性方法 ……………………………………………………… 103

8.3.2　增韧机理 …………………………………………………………… 104

8.3.3　增容机理 …………………………………………………………… 105

8.3.4　耐摔玩具拱桥注塑模具设计原理 ……………………………… 105

8.4　实验任务 ………………………………………………………………… 106

8.4.1　增韧PA6设计配方 ……………………………………………… 106

8.4.2　耐摔玩具拱桥的设计 ……………………………………………… 107

8.5　实验报告要求 …………………………………………………………… 108

8.6　思考题 ………………………………………………………………… 110

参考文献 ………………………………………………………………………… 111

第9章　高光泽丙纶色丝的制备 ………………………………………… 112

9.1　概述 …………………………………………………………………… 112

9.2　实验目的 ………………………………………………………………… 112

9.3　实验原理 ………………………………………………………………… 113

9.4　实验任务 ………………………………………………………………… 115

9.5　实验报告要求 …………………………………………………………… 115

参考文献 ………………………………………………………………………… 118

第10章　动态交联弹性体的制备 ………………………………………… 119

10.1　概述 …………………………………………………………………… 119

10.2　实验目的 ……………………………………………………………… 119

10.3　实验原理 ……………………………………………………………… 120

10.4 实验设备 ·· 121

    10.4.1 翻转式密炼机 ·· 121

    10.4.2 双腕挤出造粒机 ·· 123

10.5 实验任务 ·· 125

10.6 实验报告要求 ·· 126

10.7 思考题 ·· 128

第1章　聚合物挤出成型

1.1　概述

人们将聚合物固体物料加热熔融成熔体（或黏性流体），利用螺杆或柱塞的剪切和挤压作用，使其通过特定形状的口模而形成具有恒定截面连续型材的成型方法，称为聚合物挤出成型。它适应性强、用途广泛，是目前占比极大的聚合物成型加工方法。

聚合物挤出成型主要用于生产管材、片材、薄膜、板材、异型材、轮胎胎面、合成纤维等制品，也可用于聚合物的共混改性、着色、造粒和中空塑件坯型的生产等。比起其他成型方法，挤出成型具有以下特点：

（1）连续成型、产量大、生产效率高。

（2）设备简单、成本低、操作方便。

（3）适应性强，几乎可以成型所有热塑性聚合物。

（4）只要改变机头口模，就可以改变制品的形状。

（5）制品质量均匀密实、各向异性小、尺寸准确度高。

1.2　实验目的

通过本实验，学生应达成以下目标：

（1）熟悉挤出机的组成及主要参数。

（2）掌握挤出成型的基本原理。

（3）掌握挤出造粒工艺条件及其控制。

（4）学会正确操作双螺杆挤出机。

1.3　实验原理

聚合物固体物料从挤出机料斗加入，继而进入料筒，经外部加热及料筒内螺杆的剪切作用，聚合物熔融成为黏性流体（塑化），在螺杆的旋转推动下，不断前进。聚合物熔体在压力下通过机头口模成为与其截面相似的挤出物（挤出成型），经冷却（水冷、风冷等）固化成型，成为连续的塑料型材（冷却定型）。

挤出机的基本结构示意图如图1-1所示。

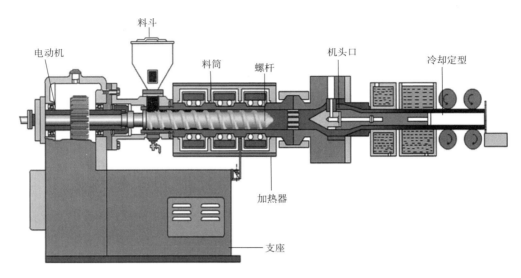

图1-1 挤出机的基本结构示意图

1.4 实验设备

1.4.1 挤出机的基本结构及作用

1.4.1.1 加料装置

挤出成型的聚合物物料一般采用粒状料、粉状料或带状料。加料装置是保证挤出机料筒连续供料的装置，形如漏斗，有圆锥形和方锥形，又称料斗。双螺杆挤出机的输送器和加料器统称为上料系统，主要有以下几种：

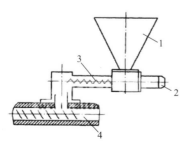

图1-2 定量加料装置
1—料斗 2—驱动系统
3—螺杆 4—挤出机

（1）定量加料装置。如图1-2所示，它主要通过控制加料器中的送料螺杆的转速来控制加料量，单螺杆挤出机的加料对定量性没有严格要求，但是双螺杆挤出机则不然，必须进行定量加料。双螺杆挤出机的加料量对剪切速率、物料温度和压力分布等产生直接影响，当螺杆工作时，螺槽内并不完全充满物料，只要控制物料在螺槽内的充满状态便能控制剪切速率、物料温度和压力分布的大小，从而控制挤出量的大小。双螺杆是以正位移泵的原理强制输送物料的，瞬时的挤出量应严格与加料速率相一致，否则会影响挤出量的稳定性和制品尺寸公差。另外，为了控制驱动系统和轴承上的载荷，也必须进行计量加料，对硬质和高黏度物料更应如此。

（2）强制加料器。强制加料器可直接安装在料斗或进料口处，使原料在外界压力的推动下强制进入挤出机。该类装置适用于粒径和密度较小的原料。原料体积密度低于$0.3kg/dm^3$时，应安装强制加料器。强制加料器可分两种，即垂直式加料器和卧式加料器，如图1-3、图1-4所示。加料器用直流电动机驱动，并设置过载保护电路，当料流压力增加或进料口堵塞时，不至于损坏加料器。垂直加料器进料螺杆在进料口处呈锥形，通过调整轴向间隙，输送不同体积密度的原料，输送量较高。卧式加料器输送量较小，可用作混料和储料，适用于单螺杆挤出机。

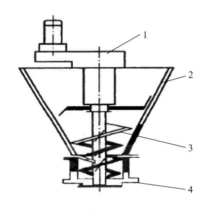

图1-3　垂直式加料器
1—驱动系统　2—料斗　3—锥形螺杆　4—出料口

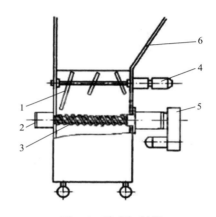

图1-4　卧式加料器
1—搅拌器　2—出料口　3—螺杆　4，5—驱动装置　6—料斗

1.4.1.2　料筒

物料的塑化和压缩都是在料筒中进行的，挤出成型的温度一般在160～300℃，料筒内的压力可高达55MPa。在料筒的外面设有分段加热和冷却装置，以便对塑料加热和冷却。加热一般分3～10段，常用电阻或电感应加热，也可采用远红外线加热。冷却的目的是防止塑料过热或停车时须对塑料快速冷却，以免塑料发生降解。

1.4.1.3　螺杆

挤出成型时，螺杆的运转对物料产生如下作用：

（1）输送物料。螺杆转动时，物料在旋转的同时受到轴向压力，向机头方向流动。

（2）传热塑化物料。螺杆与料筒配合使物料接触传热面不断更新，在料筒的外加热和螺杆摩擦作用下，物料逐渐软化、熔融为黏流态。

（3）混合均化物料。螺杆与料筒和机头相配合产生强大的剪切作用，使物料进一步均匀混合，并定量定压由机头挤出。

为了适应不同塑料的加工要求，螺杆的种类很多，螺杆的结构形式也有很大差别。

1.4.1.4 机头和口模

机头是口模与料筒的过渡连接部分，口模是制品的成型部件，通常机头和口模是一个整体，习惯上统称为机头。机头和口模的作用是：

（1）使黏流态物料从螺旋运动变为平行直线运动，并稳定地导入口模而成型。

（2）产生回压，使物料进一步均化，提高制品质量。

（3）产生必要的成型压力，以获得结构密实和尺寸稳定的制品。

1.4.2 挤出过程螺杆各段的职能

挤出过程中，沿着螺杆轴向方向，螺杆各段对物料所产生的作用不同。根据物料在螺杆中的温度、压力、黏度等的变化特征，可将螺杆分为加料段、压缩段和均化段，如图1-5所示。

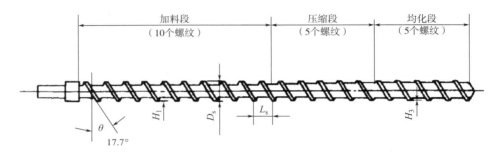

图1-5　螺杆结构示意图

D_s—螺杆外径　L_s—螺距　H_1—加料段螺槽深度　θ—螺旋角　H_3—均化段螺槽深度

1.4.2.1 加料段

聚合物由料斗进入挤出机料筒，在螺杆的旋转作用下，由于料筒内壁和螺杆表面的摩擦作用向前运动，在该段，螺杆的职能主要是对塑料进行输送并压实，物料仍以固体状态存在。虽然由于强烈的摩擦热作用，在接近加料段的末端，与料筒内壁相接触的塑料已接近或达到黏流温度，固体粒子表面有些发黏，但熔融尚未开始。

1.4.2.2 压缩段

聚合物物料经加料段后沿着螺杆螺槽继续向前，由于螺杆槽的容积逐渐变小，塑料受到压缩，进一步被压实，同时物料受到料筒的外加热和螺杆与料筒之间的摩擦作用，温度不断上升，物料逐渐熔融，此段螺杆的职能是使塑料进一步压实和熔融塑化，排除物料内的空气和挥发分。在该段，熔融物料和未熔融物料以两相的形式共存，至熔融段末端，塑料最终全部熔融为黏流态。

1.4.2.3 均化段

靠机头口模的一侧，通常为等距等深的浅槽螺纹，其作用是把压缩段送来的已塑化的物料，在均化段的浅槽和机头回压下搅拌均匀，成为质量均匀的熔体，并且为定量定压挤出成型创造必要条件。

1.4.3 挤出成型的工艺过程

1.4.3.1 塑化阶段

该段是挤出成型的主要阶段，为了便于研究和控制挤出过程，按照塑料物态连续变化的过程又将塑化阶段分为三个阶段：加料段、熔融段和均压段。根据不同的聚合物物料、不同牌号材料对塑化温度要求的不同，这三段的温度控制是影响挤出产品质量的关键。

1.4.3.2 成型阶段

挤出成型主要通过机头口模完成。机头的主要作用是：改变经过滤板机颈的熔融物料的直线前进方向，进一步压实物料；保温，为出模成型提供密实结构的可塑态胶料。因为机头是为成型系统提供胶料的最后一道"关卡"，所以要求机头分流合理、无死角，有一定的压力，加热控制灵敏、受热均匀。

1.4.3.3 定型阶段

模具既是塑料挤出过程中最后的热压作用装置，也是产品的定型装置。电线电缆常用的模具（包括模芯和模套）主要包括挤压式、挤管式和半挤管（压）式。

1.5 工艺设定对制品性能的影响

挤出成型工艺几乎适用于所有热塑性塑料和少数热固性塑料的成型。由于所采用的成型设备及机头口模不同，制品的尺寸和形状也各式各样，因此操作方式和生产条件也各不相同，但挤出成型工艺流程却大致相同，如图1-6所示。

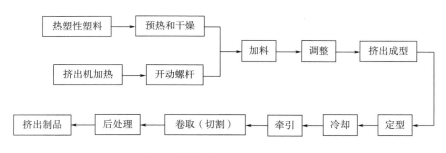

图1-6 挤出成型工艺流程示意图

1.5.1 原料准备和预处理

原料在生产或者存放的过程中表面有可能吸附水分，甚至有可能含有结晶水，在挤出过程中会影响物料的塑化，有可能产生气泡、流纹等，使物料表面暗淡无光泽、降低机械性能，甚至会反应生成其他副产物，从而直接或间接影响制品的质量。因为不同塑料的吸湿性和允许的含水量不同，因此实验前所用的原料必须进行预热干燥，大致控制含水量小于0.5%。此外，除了水分外，原料中的杂质也要尽量除去。

不同物料的干燥温度不同，注意干燥温度不能设置过高，干燥时间不宜过长，否则会造成原料泛黄和结块。

1.5.2　工艺设定

不同聚合物的加工成型工艺条件有所差异，在挤出过程中，应该根据挤出机检测的数据和机头挤出物料的实际情况，时刻监测各加热段的温度以及料筒内的压力分布，协调好喂料速度和螺杆转速以及牵引设备的速度，使生产能顺利进行，从而获得最终产物。在众多工艺参数中，温度和剪切作用是影响聚合物塑化效果的主要因素。

1.5.2.1　温度

升高温度，物料的黏度降低，流动性加大，更趋向于液态，出料速度加快，这时螺杆转速过快，模口温度太高都会使挤出的物料稳定性下降，成型效果不好，有可能伴随气泡、发黄、起膜等现象；相反，降低温度，物料黏度降低，流动性减少，这时机头的压力会增大，挤出物稳定性虽好，但是膨胀严重，塑化效果较差，这时应该通过减小螺杆转速或者提高牵引速度来解决上述问题。

1.5.2.2　螺杆转速

螺杆转速一般分为挤出机主螺杆转速和料斗的喂料螺杆转速。主螺杆即挤出机螺杆，一般增大螺杆转速会降低塑料的黏度，但有利于增强螺杆对塑料的剪切作用，使塑料能更好地混合和塑化。

料斗喂料螺杆转速影响的是喂料的速度，对于不同物料，喂料螺杆的转速也有所不同，一定大小的纯固体颗粒物物料胶料可以稍快，而固体颗粒与粉料的混合物则适当减缓，这是为了防止螺杆扭断，而在加工过程中，喂料的速度过快会导致物料在进料口发生架桥或者堆积，而过慢的喂料速度则会让主螺杆的物料分布不均匀，产生过多的缝隙，影响剪切和共混的效果，从而影响产品质量。

1.5.2.3　定型冷却

大部分情况下，定型和冷却基本上是同时进行的，只有挤出某些特定的异型材时才会分步进行，挤出物刚从模口出来后处于熔融态，仍有很强的塑化形变能力，这时则需要进行定型冷却，否则在外力作用下会出现变形、凹陷和扭曲等现象。常用的冷却方式有水冷和风冷，而常见的定型冷却方式主要分为以下三类。

（1）特定模具定型冷却（管材、棒材和异型材）。

（2）无须定型，仅冷却（单丝、薄膜）。

（3）压辊冷却定型（片材、板材）。

冷却速度对产品性能影响颇大。无定型硬质聚合物制品假若冷却速度太快，则会影响外观和产生内应力；而软质和结晶型塑料则需要快速及时冷却，否则会发生膨胀、收缩，甚至断裂等现象。

1.5.2.4　牵引与切割

牵引对挤出工艺流程的连续性起到非常重要的作用，挤出物刚离开机头时，由于冷却不充分，会发生扭曲形变，这时就需要牵引来防止这一现象的发生，同时也避免了后续物料在机头积聚挤不出而造成的堵塞，从而提高了流水线的生产效率。挤出物以一定的速率拉出，得到的截面也相对均匀、稳定。牵引的速度要与挤出速度相互配合，通常前者稍大于后者，这样有利于消除物料离开模口时膨胀引起的尺寸变化，使制品在牵引方向产生一定程度的取向，从而改进牵引方向的强度和刚度。定型冷却后的制品可以根据使用需求切割成不同的长度。

1.5.2.5　后处理

为了提高制品的某些性能，有些制品需要进行后处理。后处理一般包括热处理和调湿处理。

（1）热处理。主要目的是消除制品的内应力。挤出物会因为内外冷却速度不同而产生内应力。

（2）调湿处理。对于吸湿性较强的产品，在空气中存放时会因吸收不同程度的水分而膨胀。

1.6　实验原料及实验仪器

1.6.1　实验原料

实验原料见表1-1。

表1-1　实验原料

名称	牌　号	生产厂家
聚苯乙烯（PS）		
热塑性弹性体（SBS）		

1.6.2　实验仪器

1.6.2.1　双螺杆挤出机

双螺杆挤出机参数见表1-2。

表1-2　双螺杆挤出机参数

设备名称				
规格型号	螺杆直径	长径比	主机驱动功率	生产能力

1.6.2.2 切粒机

切粒机参数见表1-3。

表1-3 切粒机参数

设备名称		
规格型号	功 率	切刀转速

1.6.2.3 高速混合机

高速混合机主要由一个底部装有固定叶片及折流板的混合室和卸料装置组成，如图1-7所示。

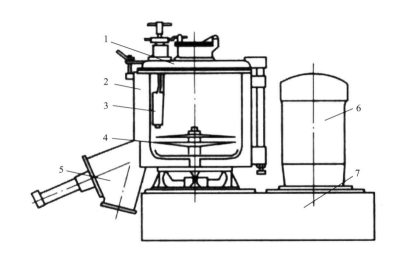

图1-7 高速混合机结构示意图

1—回转容器盖 2—回转容器 3—挡板 4—旋转叶片 5—排料口 6—电动机 7—机座

高速混合机参数见表1-4。

表1-4 高速混合机参数

设备名称			
规格型号	锅体总容积	搅拌桨数目	驱动电功率
加热方式	锅体有效容积	搅拌桨转速	驱动电动机转速

原料混合通常在___℃下搅拌___min即可。

1.7　实验步骤

1.7.1　原料的准备和预处理

用于挤出成型的热塑性塑料大多数是粒状或粉状塑料，由于原料中可能含有水分，将会影响挤出成型的正常进行，同时影响制品质量，例如出现气泡、表面晦暗无光、出现流纹、力学性能降低等。因此，挤出前要对原料进行预热和干燥。不同种类塑料允许含水量不同，通常应控制原料的含水量在0.5%以下。此外，原料中的机械杂质也应尽可能除去。

原料的预热和干燥一般是在烘箱和烘房内进行。原料一般在80～100℃下持续烘干4～5h。

1.7.2　挤出机的操作步骤

（1）挤出机预热升温。依次接通挤出机总电源、冷却水系统和料筒加热开关，调节加热各段温度仪表设定值至操作温度。假若在开机时发现仪表显示此前实验温度大于设定温度，这时需先升至原有的显示温度，洗机后再降温至设定温度。当预热温度升至设定值后，恒温30～40min。

（2）将一定配比的PS和SBS在高速混合机中混合均匀。使用高速混合机时应该注意清洁以免混入其他杂质。

（3）启动主电动机。调速过程要缓慢、均匀，转速应逐渐升高，要注意主电动机电流的变化，一般在较低的转速（20～30r/min）下运转几秒，待有熔融物料从机头挤出后，再继续提高转速至150～220r/min。

（4）洗机。启动喂料系统，首先将喂料螺杆的调速按钮调至零位，将洗机料（一般是PP、PE等价格较低、不易分解的聚合物）倒入料斗，启动喂料电动机，调整喂料电动机的转速，在调速过程中密切关注电动机电流的变化，要适当控制喂料量，以避免挤出机负荷过大，随着挤出机螺杆的转速提高，喂料量可适当增加。模口及挤出物出口处经常堆积残留和降解的物料，洗机时需拆开清洗干净。观察料条的颜色，直至将料条洗成与洗机料同样的颜色方可。

（5）挤出实验。洗机完成后，加入实验原料，调整设置主螺杆转速和喂料螺杆转速，开始实验。注意观察挤出是否顺利和流畅，同时把料条牵引到切粒机进行裁切。

（6）改变挤出速率、牵引速率和挤出温度，观察挤出料条尺寸、外观变化。

（7）改变PS和SBS的混合比例，重复上述实验。

1.8　实验数据处理

挤出成型实验记录列于表1-5中。

表1-5 挤出成型实验记录表

_____年_____月_____日 温度_____ 相对湿度_____

PS/SBS的质量比					
主螺杆转速（r/min）					
喂料螺杆转速（r/min）					
温度（℃） 一区					
二区					
三区					
四区					
五区					
六区					
七区					
八区					
九区					
十区					

1.9 实验现象与结果分析

（1）改变挤出机的工艺参数（温度、螺杆转速和喂料速度）对挤出产物的产量、大小和外观等有什么影响？

（2）对于首次（尚不明确挤出工艺参数）进行共混改性的聚合物物料，如何获取和设定最优的工艺参数？

（3）挤出开始和结束时，如何选取合适的洗机物料？

（4）挤出过程中，如发现挤出机模口堵塞，如何进行处理？

（5）挤出过程中，如遇挤出机发出故障（温度过高、模口压力过大等）警报，如何操作解除？

1.10 思考题

（1）实验用挤出机的长径比是多少？使用什么类型的加料装置？为何粉状原料不能用此装置加入？

（2）开机后发现温控表显示温度比本实验设计的温度要高时，若直接升温至实验设计温度并开动挤出机，可能会造成什么后果？为什么？

（3）洗机时候出现的黑色物质是什么？是如何产生的？怎样才能清洗干净？

（4）改变牵引和挤出速度，料条产量和质量有何变化？实验的最佳条件如何控制？

（5）原料的配比对挤出物性能和外观有哪些影响？

1.11　注意事项

（1）靠近料筒和机头时，注意高温烫伤。

（2）机头拆卸时，注意佩戴棉麻手套，以免烫伤，移动水槽时，小心水溅入机头。

（3）必须在主螺杆停止工作的情况下才能清理机头和其他进料口的废弃料。

（4）在实验过程中应充分考虑道德、伦理、法律、经济和环境等因素。

参考文献

［1］罗权焜，刘维锦.高分子材料成型加工设备［M］.北京：化学工业出版社，2007.

［2］周达飞，唐颂超.高分子材料成型加工［M］.2版.北京：中国轻工业出版社，2013.

［3］赵德仁，张慰盛.高聚物合成工艺学［M］.2版.北京：化学工业出版社，2013.

［4］杨鸣波.聚合物成型加工基础［M］.北京：化学工业出版社，2019.

［5］高分子工艺教学小组.高分子工艺试验讲义［M］.广州：华南理工大学，2018.

第2章　橡胶的塑炼与混炼

2.1　橡胶的塑炼

2.1.1　概述

橡胶塑炼是橡胶混炼和制品成型前的准备工艺。生胶是线型高分子化合物，相对分子质量通常很高，从几十万到几百万以上，具有高弹性，黏度很大。如果不先降低生胶的弹性，加工过程中的大部分机械能就被消耗在弹性变形上，且不能获得所需要的形状，给加工带来极大的困难。因此必须通过塑炼降低生胶弹性，提高可塑性，获得适当的流动性，使橡胶与配合剂在混炼过程中易于混合分散均匀，也有利于胶料进行压延、压出、成型、硫化等各种成型操作。此外，塑炼使生胶的可塑性均匀一致，从而制得质量均一的胶料。

2.1.2　实验目的

（1）了解橡胶塑炼加工工艺的目的和基本原理。

（2）掌握橡胶生胶塑炼工艺的操作方法和技巧。

（3）掌握XK–160A开放式炼胶机的使用方法。

（4）了解橡胶塑炼常见质量问题及解决方法。

（5）掌握威廉姆（Williams）可塑度的测试方法。

2.1.3　实验原理

橡胶的塑炼是指借助机械剪切应力、热、氧或者通过加入某些化学增塑剂等方式，使橡胶从强韧的高弹性状态变为具有一定可塑性状态的过程。橡胶塑炼的实质是橡胶分子链的断裂和相对分子质量的降低，使其弹性下降，可塑性增加。

2.1.3.1　塑炼原理及方法

一般来讲，需要塑炼的橡胶品种有天然橡胶、丁腈橡胶、氯丁橡胶和丁基橡胶等。丁苯胶、顺丁胶、三元乙丙橡胶（EPDM）和硅橡胶不需要塑炼。近年来，随着合成橡胶工业的发展，许多合成橡胶在制造的过程中控制了生胶的初始可塑度，在加工时可不经过塑炼而直接进行混炼。

塑炼方法可分为机械塑炼法和化学塑炼法两大类，其中机械塑炼法应用极为广泛。机械塑炼法是指利用机械的高剪切力作用使橡胶大分子链破坏降解获得可塑性的方法。依据所用设备类型不同，机械塑炼法可分为开炼机塑炼、密炼机塑炼和螺杆式塑炼机塑炼三种。依据塑炼工艺不同，机械塑炼法又可分为低温机械塑炼和高温机械塑炼。开炼机塑炼属于低温塑炼；密炼机塑炼和螺杆塑炼机塑炼的塑炼温度一般在100℃以上，称为高温机械塑炼。开炼机塑炼是应用最早的机械塑炼方法，塑炼胶料质量好，可塑度均匀，收缩小，适用于多种胶料和生产批量较小的塑炼。本实验选用开炼机塑炼法。

（1）开炼机塑炼原理。胶料放在两辊筒之间，两辊筒以一定辊速比相对回转，在摩擦力的作用下胶料被辊筒带入辊缝中。由于两辊筒表面的旋转线速度不同，使胶料通过辊缝时受到剧烈摩擦、挤压、剪切的反复作用，使卷曲缠结的橡胶大分子链相互牵扯，当应力大于分子链上某一个键的断裂能时，大分子链断裂，平均分子量降低。因分子链断裂产生的大分子自由基在空气中会被氧化，经一系列化学反应后形成稳定的大分子，使胶料具备适当的弹性和黏性，达到塑炼的目的。

（2）开炼机塑炼工艺。用开炼机进行塑炼时，操作方法主要有薄通塑炼法、包辊塑炼法和化学塑炼法。

① 薄通塑炼法。将辊距调到1mm以下，胶料通过辊缝后不包辊而直接落到接料盘，待全部胶料通过辊缝后，再将胶料放回两辊筒之间重新通过辊缝。这样反复数次，直至达到合适的可塑度为止。薄通塑炼法胶料散热快，胶料受到剪切作用强，断链效果好，塑炼效率高，塑炼胶可塑度均匀。

② 包辊塑炼法。胶料通过辊缝后将胶片包在前辊筒表面上，并随着辊筒一起转动，使胶料反复通过辊缝的剪切和挤压，直至达到规定的可塑度要求为止，然后下片、冷却。一次完整的包辊塑炼，又称一段塑炼法。一段塑炼法的塑炼操作比较简单方便，但因胶料升温高，受到的剪切力下降，使塑炼效率低，塑炼时间长，最终获得的可塑度也较低。

也可以采用分段塑炼法，即先将胶料包辊塑炼一段时间后，然后下片、冷却，停放4～8h后，再将胶料放到开炼机上进行第二次包辊塑炼。这样反复塑炼数次，直至达到要求的可塑度为止。通常分为两段塑炼和三段塑炼，具体依可塑度要求而定。分段塑炼法中胶料管理比较麻烦，胶料停放时需要的面积较大，但塑炼温度较低，塑炼效果较好。

③ 化学塑炼法。利用某些化学物质对生胶大分子链的化学作用来减小生胶的弹性和黏度，促进橡胶分子断裂，提高其可塑性的方法称为化学塑炼法。化学塑炼不能单独塑化橡胶，只能作为机械塑炼法的一种辅助方法使用。在机械塑炼的同时添加化学塑解剂，可节约塑炼时间及能耗，提升塑炼效果。常用的塑解剂有五氯硫酚和二苯甲酰胺基二苯基二硫化物等。天然橡胶、异戊橡胶及氯丁橡胶采用化学塑炼的效果好，丁腈橡胶的化学塑炼效果较差。

（3）可塑度的测试。可塑性是指橡胶发生变形后，不能恢复其原来状态，或者说保持其变形状态的性质。威廉姆法（Williams）是指在恒温、定负荷下，经过一定时间后根据试样高度的变化来评定可塑度的方法。

将塑炼好的胶片在室温下放置4h以上，将放置后的胶片裁成$\phi=16mm$、$h_0=10mm$的圆柱形试样，将试样置于Williams可塑度测试仪中，在$T=70℃±1℃$下预热3min后，负荷压缩3min，除去负荷，取出试样。测量试样高度h_1，将试样在室温下恢复3min，再测量试样的高度h_2。用式（2–1）计算可塑度p。橡胶为黏弹体，它的可塑度为0～1，数值越大表示塑炼胶的黏度越小，可塑性越大。

$$p=\frac{h_0-h_2}{h_0+h_1} \qquad (2-1)$$

2.1.3.2 影响塑炼效果的因素

（1）机械力作用。橡胶在塑炼时受到开炼机辊筒间的剪切力作用，橡胶的大分子链被拉直，并使长链分子链在中间部位发生断裂。剪切力越大，越容易使橡胶分子链断裂；相对分子质量越大，越容易发生机械断链；橡胶黏度越大，剪切速率越大，分子受力越大；化学键能越低，分子断裂的概率越大；主链上受到的应力比侧链上受的应力大得多，因此主链断裂的可能性大。因此，机械力的作用会使生胶相对分子质量下降的同时，相对分子质量分布变窄。

（2）氧的作用。在机械力的作用下，大分子链断裂生成化学活性很高的大分子自由基，当其与空气中的氧接触时，大分子自由基被终止而失去活性；机械力作用的存在使大分子链处于应力紧张状态而被活化，从而加速大分子链的氧化裂解反应。所以氧在橡胶的机械塑炼过程中起着大分子自由基的终止剂和大分子氧化裂解反应引发剂的双重作用。但是在不同的温度条件下，两种作用的程度不同。

（3）温度的作用。橡胶在低温下塑炼的机理与高温下不同。低温时（<80℃），橡胶的黏度高，机械力导致的橡胶分子链的断裂破坏为主要作用，生成的大分子自由基立即与空气中的氧结合，生成相对分子质量较小的稳定的大分子。高温时（>115℃），氧可以直接引发大分子发生氧化裂解反应，且温度越高反应速度越快。但是高温下，橡胶的黏度降低，此时机械剪切力降低，主要起到挤压和搅拌作用，增加大分子与氧的接触，加速大分子的氧化裂解反应。80～115℃，机械力的剪切作用小，橡胶大分子与氧的化学反应活性也不高，此温度范围内的机械塑炼效果最小。

（4）静电与臭氧的作用。用开放式炼胶机进行塑炼时，金属辊筒表面与胶料之间因剧烈摩擦会产生静电积累，并发生放电现象，使周围空气中的氧气电离活化，生成活性更高的臭氧和原子态氧，它们对橡胶的氧化作用更大，从而促进橡胶分子进一步氧化断裂。

2.1.3.3 塑炼过程中常见的质量问题

（1）塑炼不足。塑炼过程中，各种原因导致的大分子的断链率低，塑炼胶的相对分子质量过高，可塑度过低的现象。

（2）塑炼过度（过炼）。塑炼过程中，各种原因造成的塑炼胶的相对分子质量低于极限相对分子质量，导致胶料的黏度过低而发黏的现象。天然胶易出现过炼现象，合成橡胶不易出现过炼现象。

（3）凝胶化反应。在机械塑炼过程中，因橡胶大分子断链产生的游离自由基转移到低分子物上而产生的类似交联反应，导致生胶的黏度明显上升，这种现象称为凝胶化反应。凝胶生成量与生胶初始分子量有关，初始分子量越大，凝胶现象越明显。为了保证塑炼效果，塑炼过程中要防止凝胶化反应的大量产生。

（4）塑炼胶的黏着性问题。机械力作用使橡胶大分子链断裂后，还会产生氢过氧化物，氢过氧化物的存在会增加生胶的黏着性。胶料表面的氢过氧化物很容易受到日光、紫外线、臭氧和高温等因素的作用而逐渐消失。因此，胶料停放后，胶料的黏着力会慢慢下降。故胶料停放的环境、时间要有一定限制，以免影响胶料的加工性能。

2.1.4　实验设备

实验采用开放式炼胶机（开炼机）。

2.1.4.1　规格与技术特征

开炼机规格常用"辊筒直径×工作部分的长度"来表示，单位毫米（mm）或英寸，同时直径数值前面冠以符号，表示为何种机台。其中：X—橡胶，K—开炼机，S—塑料，R—热炼，J—精炼，P—破碎。

实验室常用开炼机规格为XK-160×320，其技术参数见表2-1。

表2-1　实验室常用开炼机技术参数

辊筒规格（mm）			辊筒速度（r/min）		最大辊距（mm）	速比	电动机功率（kW）	炼胶容量（kg/次）
前辊筒	后辊筒	工作部分长度	前辊筒	后辊筒				
160	160	320	19.64	24	5	1：1.22	4.2	1~2

2.1.4.2　基本结构

开炼机的基本结构包括：辊筒（roll）、机架（frame）、横梁（crossbeam）、辊筒轴承（bearing）、润滑装置（lubricator）、调距装置（the device for regulating the roll gap）、安全制动装置（safety device and brake）、辊温调节装置（the device for regulating the temperature）。

2.1.4.3　使用特点

开放式炼胶机结构简单、造价低；辊面易清洗，可以捏炼多种颜色、多品种的胶料；炼胶质量好；适用于变化较多的场合，可用于再生胶的生产。但是其劳动强度大、生产效率低、操作条件差。

2.1.5　工艺设定对制品性能的影响

塑炼胶可塑性的大小需视不同成型工艺要求而定。如果可塑度过低，胶料混炼不均匀，且收缩力大，模压时制品表面粗糙，边角不整齐，给产品的成型带来困难；而如果可塑度过大，会使硫化胶的力学性能降低，影响制品的使用性能。塑性如果不均也会造成胶料的工艺性能和力学性能不一致。

2.1.5.1　装胶容量

装胶容量取决于开炼机规格，容量过大，辊距上方的积存胶量过多，散热困难，胶温升高，塑炼效果降低；容量过小则生产效率降低。

2.1.5.2 辊温

低温塑炼时，温度越低，塑炼效果越好。塑炼过程中会因为机械设备之间、辊筒和橡胶之间，以及橡胶分子链之间的摩擦生热，需要通入冷却水降低辊温。

2.1.5.3 辊距

辊速和速比一定时，辊距越小，胶料受到的剪切力越大，塑炼效果越好；同时因胶片减薄，冷却效果改善又进一步提高了机械塑炼效果。

2.1.5.4 辊速和辊速比

辊距一定时，辊筒的转速或速比增大，胶料受到的剪切作用增大，从而提高机械塑炼效果；但辊速比过大，胶料升温加快，塑炼效果变差；开炼机的辊速比一般为1.15～1.27。

2.1.5.5 塑炼时间

在塑炼的初始阶段，胶料的门尼黏度迅速降低，此后趋于缓慢。在不"过炼"的情况下，塑炼时间越长，塑炼效果越好。

2.1.6 实验原料

实验采用丁腈橡胶生胶或天然橡胶。

2.1.7 实验步骤

2.1.7.1 准备工艺

（1）烘胶。部分橡胶（如天然胶）在低温下容易结晶而硬化，使用前应先加热使其软化，便于切割和塑炼，烘胶温度不宜过高（<70℃）。

（2）割胶和破胶。用切胶机（或者刀锯）将生胶切下，并用破胶机（或者剪刀）破（剪）成小块，以便塑炼。

2.1.7.2 设备使用前的检查

（1）检查辊筒间有无障碍物。

（2）检查两辊筒是否平行。

（3）检查接料盘是否清洁。

（4）将开炼机辊距调到1.5mm，挡胶板间距调到100mm，按下"启动"按钮，开机空转，按下紧急按钮或者推动安全拉杆，检验安全制动装置的工作状态有无异常情况。

2.1.7.3 实验过程

（1）称取200g丁腈橡胶或天然橡胶。

（2）打开冷进水阀。

（3）将辊距调到0.5mm，挡胶板距200mm，将生胶薄通10～15次。

（4）将辊距放宽到2～4mm，一次性出片。

（5）将胶片在室温下放置4h以上，测试可塑度。

2.1.8　实验数据处理

塑炼胶的可塑度、门尼黏度的测量。

2.1.9　实验现象与结果分析

（1）观察分析生胶塑炼后有什么变化？

（2）试分别分析引起"塑炼不足"和"塑炼过度"的原因及它们可能对橡胶制品的综合性能造成的影响。

2.1.10　思考题

（1）简要叙述生胶塑炼的意义和目的。

（2）影响开炼机塑炼效果的因素有哪些？对影响结果进行分析。

2.1.11　注意事项

（1）了解安全制动装置的位置，如遇到危险时应立即触动安全刹车。

（2）操作时必须集中注意力，按操作规程进行。

（3）留长发的学生应事先束发、戴帽。

（4）禁止戴手套操作，送料时应握拳，操作时双手尽量避免越过辊筒中心线上部。

（5）割刀必须在辊筒中心线以下操作。

2.2　橡胶的混炼

2.2.1　概述

混炼是指将各种配合剂与可塑度合乎要求的生胶或塑炼胶在机械作用下混合均匀，制成质量均一的混炼胶的过程。混炼是橡胶加工中最重要的工艺过程之一，混炼过程的关键是使各种配合剂均匀地分散在橡胶中，保证混炼胶的组成和各种性能均匀一致，具有良好的加工工艺性能，保证橡胶制品具有良好的力学性能。

2.2.2　实验目的

（1）了解橡胶混炼加工工艺的目的和基本原理。

（2）掌握橡胶混炼加工工艺的操作方法和技术。

（3）了解橡胶混炼过程中常见的质量问题及解决方法。

2.2.3　实验原理

混炼的基本原理是在机械力的作用下，胶料发生变形，对配合剂进行包裹与混合，并克服配合剂分子间的凝聚作用，达到在胶料中重新分布的目的。混炼过程的实质是机械力和化学因素的共同作用使橡胶与配合剂得以混合与分散的过程。

对混炼胶的质量要求主要有两个方面：一是胶料应具有良好的工艺加工性能，二是胶料能保证成品具有良好的使用性能。故混炼操作必须做到配合剂与生胶的均匀混合与分散；胶料的可塑度要适当且均匀；补强剂与生胶在相界面上应产生一定的结合作用，生成结合胶。

目前，橡胶混炼加工方式主要有开炼机混炼和密炼机混炼等间歇混炼方法、FCM型连续混炼等连续混炼方法。采用开炼机混炼时，生产效率低，劳动强度大，操作不安全，且混炼时配合剂易飞扬，污染环境，混炼胶质量也不如密炼机好。但开炼机混炼后机台容易清洗，适用于配方种类多、小规模生产和实验室小型实验用胶料混炼。密炼机混炼是在高温和加压条件下进行，密炼机的混炼容量大、混炼时间短、炼胶温度高、生产效率高，能很好地克服粉尘飞扬，操作安全便利，劳动强度低，有利于实现机械化与自动化操作，适用于大规模的工业生产。连续混炼中的加料、混炼和排胶操作是连续进行的，也可使混炼与压延、压出成型联动，能进一步提高生产效率，实现自动化，改善混炼胶质量。考虑到开炼机混炼的优势，本实验选用开炼机进行混炼。

2.2.3.1 混炼胶的形态结构与组分

混炼胶是由粒状配合剂（如炭黑、硫黄等）分散于生胶中组成的胶体分散体系。因此混炼胶中呈连续状态分布的生胶称为连续相，非连续状态分布的粒状配合剂称为分散相。混炼胶的组分比较复杂，不同性质的组分对混炼过程、分散程度及混炼胶的结构有很大影响。

按照各组分的性能和作用可以将混炼胶分为：

（1）生胶体系。生胶体系是最重要的组成部分，可以是单一胶种或者复合胶种，决定了胶料的使用性能、工艺性能和产品的成本。

（2）活性体系。活性体系成分主要包括硬脂酸和氧化锌。硬脂酸是一种表面活性剂，可以改善橡胶大分子和亲水性配合剂之间的相互作用。氧化锌在硬脂酸作用下形成锌皂，提高了配合剂在胶料中的溶解度，并与促进剂形成络合物，提高促进剂的活性，进而催化硫化反应。

（3）防护体系。防护体系的主要组成部分是防老剂。防止橡胶在混炼、储存和使用过程中的氧化和老化。常用化学防老剂为胺类和酚类化合物。

（4）填充（补强）体系。填充体系包括炭黑、白炭黑或碳酸钙等。主要起到提高橡胶的拉伸强度、撕裂强度、耐磨性和定伸应力，或者降低成本的作用。但填料的加入一般会导致弹性下降、滞后损失增大和压缩永久变形增大等。

（5）硫化体系。不饱和橡胶常用的硫化体系为硫黄硫化体系。根据硫黄和促进剂用量，可将其分为普通硫黄硫化体系（硫黄用量为2.5质量份，促进剂用量0.5~0.6质量份）、有效硫化体系（硫黄用量为0.3~0.5质量份，促进剂用量3~5质量份）和半有效硫化体系（促进剂与硫黄用量相近）。不饱和橡胶还可以用其他非硫化合物进行硫化，比如过氧化物、烷基酚醛树脂、金属氧化物、醌类衍生物、多元胺和马来酰亚胺衍生物等。

（6）操作体系。操作体系主要由软化剂（增塑剂）、分散剂、脱模剂等成分组成，用于改善橡胶混炼过程中的可操作性。

（7）其他功能性助剂体系。其他功能性助剂体系可赋予橡胶一些特殊性的功能，如着色剂、抗菌剂、芳香剂、防白蚁剂等。

2.2.3.2　混炼胶配比的表示方法

以橡胶总量为100质量份（也可以将量多的聚合物的量定为100质量份），其他各组分与橡胶的总量相比，相应占有的质量份，用phr表示。

2.2.3.3　开炼机混炼工艺

开炼机混炼的一般操作方法是先让橡胶包于前辊，并在辊距上方留有适量的存胶（堆积胶），再按规定的加料顺序往堆积胶上面依次加入配合剂。当橡胶夹带配合剂通过辊距时受到剪切作用而被混合和分散。当配合剂完全混入生胶后立即进行切割翻炼操作，促使配合剂混合均匀，再经薄通下片。开炼机混炼过程主要分为三阶段：包辊、吃粉和翻炼。

（1）包辊。将生胶包覆于前辊筒表面，并适当调整挡板之间的距离，使辊缝之间留有适量的堆积胶。胶料的包辊性与生胶本身的性质、混炼温度和机械加工切变速率都有关系。

（2）吃粉。待辊缝上方形成堆积胶后，遵循少量多次的原则把各种配合剂按照一定的顺序加入生胶中。生胶夹带配合剂通过辊缝受到挤压和剪切力的作用而被混合和分散。吃粉过程中，如果堆积胶过少，胶料在过辊时只发生周向的混合，无径向剪切变形和混合作用；若堆积胶多，胶料不易进入辊缝，混炼效率降低，并且会因为散热困难而升温。常用的加料顺序：生胶→活性剂、防老剂→填充剂、软化剂、分散剂→其他助剂→硫黄、促进剂。

（3）翻炼。堆积胶的存在虽然使胶料在过辊时产生了径向的混合作用，但仍不能使配合剂均匀分散到胶片的整个厚度范围。因此，吃粉过程完成后，要对胶料进行翻炼，使配合剂与生胶能够更好、更快地混合并更均匀地分散。翻炼方法有斜刀法（八把刀法）、打扭法、捣胶法（走刀法）、打三角包法和打卷法。

切割翻炼后，将胶料薄通3~5次，然后增加辊距下片，结束混炼操作。一般来讲，混炼结束后，混炼胶还要经过停放和返炼两道工序后才可以进行硫化。

（4）停放。停放过程的目的如下。

① 充分释放混炼过程中橡胶大分子链段所受到的机械应力。

② 降低胶料收缩率，为混炼胶提供形状和尺寸稳定性。

③ 通过橡胶大分子链段的运动使配合剂继续扩散（或溶解），以促进均匀分散，有利于胶料性能的均匀和稳定。

④ 使橡胶与补强剂之间进一步生成"结合胶"，提高补强效果。

停放时间不宜太短，也不能太长。如果停放时间太短，上述各项作用不能得到充分发挥；而停放时间过长，又会带来一些副作用，例如高添加量助剂出现喷霜现象或者胶料表面黏性降低等。实验室条件下的混炼胶停放时间一般以8～24h为宜。

（5）返炼。橡胶的返炼是指混炼胶在停放之后、使用之前进行的炼胶工艺。返炼的目的如下：

① 使各种助剂在胶料中进一步分散均匀。

② 破坏停放过程中混炼胶可能形成的凝胶（或者结构化），使胶料变得柔软，便于成型操作。

③ 提高胶料的流动性和自黏性，利于成型工艺和操作工艺，并提高产品的外观质量和合格率。

一般采用打三角包和打卷的方式进行返炼，时间不宜过长。对于存放期过长，凝胶或者结构化比较严重的胶料，需要适当延长返炼时间，才可恢复可塑性。

2.2.3.4　混炼胶常见的质量问题

（1）胶料表面有"麻点"，这是由于配合剂结团造成的。可能原因如下：

① 塑炼不充分，生胶的黏度高，塑性差，配合剂不容易加入和分散。

② 混炼过程中的辊距过大、装胶容量过大、辊温过高或者是翻炼时间不足造成的配合剂分散不均匀。

③ 加油时间过早，填充剂不能充分混入，造成结团。

（2）喷霜（出汗）是指橡胶中的配合剂向其表面迁移并在表面凝聚的现象（喷出物为粉体称为喷霜，喷出物为液体的称为出汗）。混炼胶或硫化胶都会发生这种现象。喷出物的成分可能为硫黄、填充剂、软化剂或者其他助剂。主要原因是配合剂加入量过多或者与胶料的相容性较差引起的。

（3）胶料焦烧是指胶料过早交联的现象，会导致成品性能下降。可能的原因如下：

① 硫化剂和促进剂的种类选择不正确或者加入顺序不适当。

② 硫化剂或者促进剂的用量太多，硫化体系作用太快。

③ 混炼过程中或者混炼胶的堆放过程中，温度过高。

（4）混炼胶返生，指混炼胶停放的过程中，胶料的硬度增加，塑性降低的现象。可能的原因有生胶发生凝胶化反应或者纳米粉体再团聚而产生的结构化现象。

2.2.4　实验设备

实验采用双辊开炼机进行混炼。

2.2.5　工艺设定对制品性能的影响

开炼机混炼的影响因素有容量、辊距、辊速和速比、辊温、加料顺序和加入量、混炼时间等，需根据胶料配方特性及配合剂的性质进行确定和调整。

2.2.5.1　装胶容量

容量过大会使辊距上方堆积胶过多而难以进入辊距，包辊料层过厚，不利于配合剂的分散，并且难以散热使混炼温度升高；容量过小，不利于吃粉，生产效率也低。

2.2.5.2 辊距

辊距小，胶料通过辊距时剪切效果增大，可加快混合分散；但同时也增加生热量，温度升高，并且使堆积胶量增大，不利于吃粉和散热。混炼过程中的不同阶段，要根据实际情况适当调整辊距。

2.2.5.3 辊速和速比

提高辊速和速比会增大混炼时对胶料的剪切作用和混合分散效果，但也会提高胶料混炼时因生热产生的温升，不利于提高剪切效果。

2.2.5.4 辊温

辊温低，胶料的流动性差，橡胶对配合剂粒子表面的湿润作用下降，不利于混合吃粉过程，但有利于提高机械剪切和混合分散效果。提高辊温有利于降低胶料的黏度，提高流动性和对配合剂粒子的湿润性，加快吃粉速度。但若辊温过高，容易造成胶料脱辊、破裂或者引起焦烧现象，导致操作困难，也会降低对胶料的剪切分散效果。混炼过程中应保持适当的辊温，并且前后辊应保持一定的温差（5~10℃为宜）。天然橡胶易包热辊，多数合成胶易包冷辊。极性橡胶的生热尤为明显，如通冷却水无法有效冷却辊温，需要分段混炼。

2.2.5.5 加料顺序和加入量

配合剂的添加次序是影响开炼机混炼效果最重要的因素之一。加料顺序不当可能造成配合剂分散不均匀，混炼速度减慢，并有可能导致胶料出现焦烧。加料顺序的一般原则是：用量小、难分散的配合剂先加（如活性剂、促进剂和防老剂等）；用量大、易分散的配合剂后加（如填充剂），并遵循少量多次的原则；化学活性高、临界温度低或者对温度敏感的配合剂后加，如硫黄和超速促进剂应在混炼后期降温后再加入；硫黄和促进剂应该分开加入；油剂一般与粉料一起加。

2.2.5.6 混炼时间

混炼时间受开炼机转速和速比、装胶量、混炼的操作方式、混炼温度和配方等的影响。混炼时间短，配合剂的分散不均匀，胶料的质量和性能差；混炼时间过长，易导致过炼和焦烧，也会影响胶料的质量和性能。因此在保证混炼质量的前提下，应尽量缩短混炼时间，以提高效率和节约能源。

2.2.6　实验原料

实验采用丁腈橡胶或天然橡胶的塑炼胶、氧化锌、硬脂酸、防老剂RD、沉淀白炭黑、碳酸钙、机油、硫黄、促进剂CZ、促进剂TMTD。

2.2.7　实验步骤

2.2.7.1　确定实验配方

根据表2-2，任选一组配方。

表2-2　实验配方

配方	A（质量份）	B（质量份）
丁腈橡胶或天然橡胶	100	100
氧化锌	5.0	5.0
硬脂酸	1.0	1.0
防老剂RD	1.0	1.0
沉淀白炭黑	15.0	15.0
碳酸钙	15.0	15.0
机油	8.0	8.0
硫黄	2.0	0.5
促进剂CZ	1.0	1.0
促进剂TMTD	0.5	2.0

2.2.7.2　实验前准备

（1）固体配合剂的粉碎。

（2）粉状配合剂的干燥和筛选。

（3）黏性配合剂的熔化和过滤。

（4）液体配合剂的脱水和过滤。

（5）胶刀的打磨。

2.2.7.3　具体操作步骤

（1）准确称量各种配合剂，按照配方进行配料。

（2）开机，检查开炼机的运转情况及安全刹车；打开冷进水阀。

（3）将塑炼胶或符合可塑度的生胶包辊，按顺序加料，进行混炼。

（4）待所有粉料加入完毕后，薄通3～5次，然后分别打三角包和打卷各5个。

（5）将辊距调到2mm，出片，得到混炼胶。

（6）将混炼胶在室温环境下放置8h以上后，进行返炼。

（7）把辊距调到2mm进行出片，得到的混炼胶可以直接进行硫化制样。

（8）关闭电源和水阀，清洁机台。

2.2.8　实验数据处理

测定混炼胶可塑度、相对密度、硬度、力学性能、硫化特性等以判定混炼胶品质和均匀性；采用显微技术等测定配合剂的分散状态。

2.2.9　实验现象与结果分析

（1）堆积胶过多会带来什么影响？应该如何处理？

（2）吃粉过程中出现胶料不能包辊，可能是什么原因引起的？

（3）混炼中胶料生热过高会带来什么影响，应该如何处理？

2.2.10 思考题

（1）简要叙述橡胶混炼的意义和目的。

（2）混炼过程中配合剂的加料顺序应注意什么？说明其原因。

（3）如何提升开炼机的混炼效果？并解释原因。

（4）混炼胶常见的质量问题有哪些？怎样解决？

2.2.11 注意事项

（1）了解安全制动装置的位置，如遇到危险时应立即触动安全刹车。

（2）操作时必须集中注意力，严禁说笑，按操作规程进行。

（3）留长发的学生应事先束发、戴帽。

（4）禁止戴手套操作，送料时应握拳，操作时双手尽量避免越过辊筒中心线上部。

（5）割刀必须在辊筒中心线以下操作。

（6）操作时请佩戴口罩，注意辊筒和胶料温度。

参考文献

［1］张安强，游长江. 橡胶塑炼与混炼［M］. 北京：化学工业出版社，2012.

［2］唐颂超. 高分子材料成型加工［M］. 3版. 北京：中国轻工业出版社，2013.

［3］杨清芝. 现代橡胶工艺学［M］. 北京：中国石化出版社，2004.

［4］罗权焜，刘维锦. 高分子材料成型加工设备［M］. 北京：化学工业出版社，2007.

第3章　橡胶硫化工艺

3.1　橡胶硫化过程

3.1.1　硫化的定义

硫化是指橡胶的线型大分子链通过化学交联而构成三维网状结构的化学变化过程。随之胶料的物理性能及其他性能也会发生根本变化。

橡胶硫化是橡胶生产加工过程中的一个非常重要的阶段，也是最后的一道工序。这一过程赋予橡胶各种宝贵的物理性能，使橡胶成为广泛应用的工程材料，在许多重要部门和现代尖端科技，如交通、能源、航天航空及宇宙开发的各个方面都发挥了重要作用。

3.1.2　橡胶硫化体系的发展历程

硫化反应是查尔斯·固特异（Charles Goodyear）于1839年发现的，他将硫黄与橡胶混合加热，能制得性能较好的材料。这一发现是橡胶发展史上重要的里程碑。直至今天，橡胶工艺科学家仍然沿用这一术语。

1940年相继发现了树脂硫化和醌肟硫化方法；1943年发现了硫黄给予体的硫化。第二次世界大战后，又出现了新型硫化体系，如20世纪50年代发现的辐射硫化，70年代的脲烷硫化体系和80年代提出的平衡硫化体系等。尽管如此，由于硫黄价廉易得，资源丰富，硫化胶性能好，仍是最佳的硫化剂。

硫化反应是一个多元组分参与的复杂化学反应过程。它包含橡胶分子与硫化剂及其他配合剂之间发生的一系列化学反应，在形成网状结构时伴随着发生各种副反应。其中，橡胶与硫黄的反应占主导地位，它是形成空间网络的基本反应。

3.1.3　橡胶硫化历程

橡胶在硫化过程中其各种性能随硫化时间增加而变化。将与橡胶交联程度成正比的某一些性能（如定伸强度或转矩）的变化与对应的硫化时间作曲线图，可得到硫化历程图，如图3-1所示。橡胶的硫化历程可分为四个阶段，通过胶料定伸强度的测量（或硫化仪）可以看到，整个硫化过程可分为焦烧期、热硫化期、平坦期和过硫化期四个阶段。

3.1.3.1　焦烧期

焦烧是指加有硫化剂的混炼胶在加工或停放过程中产生的早期局部硫化现象。焦烧阶段

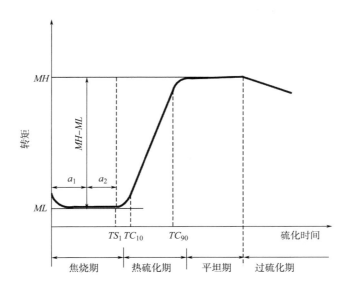

图3-1 橡胶的硫化历程图

ML—最低扭矩 *MH*—最高扭矩 *TS*₁—焦烧时间 *TC*₁₀—硫化10%时间 *TC*₉₀—工艺正硫化时间

所经历的时间称为焦烧时间。焦烧时间可分为操作焦烧时间（a_1）和剩余焦烧时间（a_2）。操作焦烧时间是胶料在加工过程的热积累而消耗的焦烧时间，取决于胶料的混炼、停放、热炼和成型情况。剩余焦烧时间是指胶料成型前具有流动性的时间。如果胶料在混炼、停放、热炼和成型中所消耗的时间过长或温度过高，则操作焦烧时间长，剩余焦烧时间短，易发生焦烧。因此，为了防止焦烧，一方面设法使胶料具有较长的焦烧时间，如加后效性促进剂；另一方面在混炼、停放、热炼和成型等加工时应低温、迅速，以缩短操作焦烧时间。

3.1.3.2 热硫化期

此阶段橡胶开始交联，随着交联反应的进行，橡胶的交联密度逐渐增加，并形成网络结构，橡胶的物理力学性能逐渐增加。此阶段开始所取的温度和时间称为正硫化温度和正硫化时间。正硫化时间长短可以根据制品所要求的性能和制品断面的厚度而定。

3.1.3.3 平坦期

此阶段交联反应已基本完成，硫化胶的各项物理性能分别达到或接近最佳点，或达到性能的综合平衡。

3.1.3.4 过硫化期

过硫化阶段有两种情况，一种是硫化胶发软，这种情况称为过硫或硫化返原；另一种是硫化胶发硬。这是因为交联反应、交联键和链段热断裂反应贯穿于橡胶硫化过程的始终，只是在不同阶段这两种反应所占的比重不同，在过硫化阶段，若交联仍占优，则橡胶因交联密度大而发硬；反之若断裂反应占主导地位，胶料会因力学性能下降而变软；若交联和断裂反应平衡，则胶料的力学性能几乎不发生变化。

较为理想的橡胶硫化曲线应满足下列条件：硫化诱导期要足够长，充分保证生产加工的安全性；硫化速度要快，提高生产效率，降低能耗；硫化平坦期要长。

3.1.4 橡胶硫化过程中的性能变化

3.1.4.1 物理性能变化

硫化过程中，橡胶的力学性能变化很显著，所以在生产工艺中，常以物性的变化来度量硫化程度。橡胶的物性一般是指强度（抗张强度、定伸强度以及撕裂强度等）、扯断时的伸长率、硬度、弹性、永久变形、溶胀程度等。不同结构的橡胶，在硫化过程中力学性能的变化虽然有不同的趋向，但大部分性能的变化基本一致。天然橡胶在硫化过程中，可塑性明显下降，强度和硬度显著增大，而伸长率、溶胀程度则相应减小。这些现象都是线型大分子转变为网状结构的特征。

（1）可溶性。硫化过程会使橡胶溶于溶剂的能力逐渐降低，而只能溶胀；硫化到一定时间后，溶胀性出现最小值，继续硫化又有使溶胀性逐渐增大的趋向。

（2）热稳定性。硫化提高了橡胶的热稳定性，即橡胶的力学性能随温度变化的程度减小，例如未硫化天然橡胶低于10℃时，长期储存会产生结晶硬化；温度超过70℃，塑性显著增大；超过100℃，则处于黏流状态；200℃便开始发生分解。但硫化后，扩大了高弹性的温度范围，脆性温度可降低到-40～-20℃，且不出现生胶的塑性流动状态。因此硫化大幅提高了天然橡胶的使用温度范围。

（3）密度和透气性。在一定的硫化时间范围内，随着交联密度的增大，橡胶密度有所提高，而透气性则随交联密度的增大而降低。这是由于大分子链段的热运动受到一定限制引起的。

3.1.4.2 化学性能变化

硫化过程中，由于交联作用，使橡胶大分子结构中的活性官能团或双键运动受限，从而增加了化学稳定性。另外，由于生成网状结构，使橡胶大分子链段的运动减弱，低分子物质的扩散作用受到严重阻碍，结果提高了橡胶对化学物质作用的稳定性。

3.2 实验目的

（1）深刻理解橡胶硫化的特性及其意义。
（2）了解橡胶硫化仪的结构及其工作原理。
（3）了解硫化工艺及其条件和基础理论依据。
（4）了解平板硫化机的结构特点及操作方法。
（5）了解硫化法、模具及硫化的特点。

3.3　橡胶正硫化时间

3.3.1　实验设备

本实验采用硫化仪表征硫化进程及测定正硫化时间，如图3-2所示。

硫化仪为振动无转子系统，用于测定橡胶硫化黏弹性的特性，是橡胶基础研究、工厂生产配料管控最重要的设备之一。

3.3.1.1　简介

无转子硫化仪是橡胶加工行业控制胶料质量、快速检验及橡胶基础研究应用最广泛的仪器之一，为橡胶优化配方组合提供了精确的数据，可精确测出焦烧时间、正硫化时间、硫化指数及最大、最小转矩等参数。

该硫化仪由主机、计算机、测温、控温、数据采集处理、传感器及电气连锁等部分组成。其中测、控温电路由测控模块、铂电阻、加热器组成，能自动跟踪电网及环境温度的变化，自动修正PID参数，达到快速、精确控温的目的。数据采集系统及机电连锁完成对橡胶硫化

图3-2　无转子硫化仪

过程的力矩信号自动检测、自动实时显示温度值及设定值。硫化结束后，自动处理、自动计算、打印硫化曲线及工艺参数，显示硫化时间、硫化力矩。计算机实时显示硫化过程，从上面可一目了然地看到温度的变化和时间—扭矩的变化过程。

3.3.1.2　设备特点

（1）本仪器采用进口智能数字式温控器，控制精度高，调正、设定简便，温控范围较宽，精度高，可实测到 ±0.1℃，使用PT铂电阻进行温度实测，升温快：从室温升至200℃只需要10min，放入试样后约1min可达到设定的温度值。

（2）微处理器使用优质进口芯片，性能可靠，既可以实时采集转矩传感器的信号并进行转换和处理，打印出转矩—时间曲线，又可以和智能数字式温控仪的接口进行通信，将温控仪显示值连续打印出温度—时间曲线。

（3）系统设计了关门—合模—微处理器启动—电动机转动连锁功能。有机玻璃门不关闭，不合模，微处理机不启动，电机不转动，这样既安全，又能减小人员操作因素造成的影响，保证试验结果的一致性。

（4）全中文显示。

（5）本仪器符合GB/T 16584—1996《橡胶无转子硫化仪测定硫化特性》要求及ISO6502

的要求。

3.3.2 实验原料（以天然胶硫化为例）

混炼胶：天然橡胶、硫化剂、防老剂、硫化促进剂等。

3.3.3 实验步骤

（1）选用合适的配方，见表3-1。

表3-1 橡胶硫化工艺实验配方

配方	质量份
天然胶	100
硬脂酸	1.0
促进剂CZ	1.7
硫黄	1.2
氧化锌	5.0
防老剂RD	1.0
促进剂D	2.0

（2）称取适量配好的混炼胶，放进硫化仪，设定温度和时间，并记录整个硫化过程。

3.4 橡胶硫化工艺

3.4.1 实验设备

3.4.1.1 简介

平板硫化机是硫化橡胶制品的主要设备，属于液压机械，平板硫化机的主要功能是提供硫化所需的压力和温度。压力由液压系统通过液压缸产生，温度由加热介质（通常为蒸汽、导热油等，过热水也有用）提供。平带平板硫化机按机架的结构形式主要可分为柱式平带平板硫化机和框式平带平板硫化机两类；按工作层数可有单层和多层之分；按液压系统工作介质则可有油压和水压之分。平板硫化仪结构如图3-3所示。

平板硫化机的主要技术要求：使用温度通常为180~200℃，常规电热管的表面负荷达到 $3~7W/cm^2$，保证平板硫化机模板的表面温度均匀，模板孔距的合理排列，使热板表面温差控制在最小范围，同时考虑电热管安装使用的方便，一般采用星形接法。

平板硫化机电热管是专门为电热平板硫化机设计的电热元件，其热板表面温差是衡量平板硫化机的主要性能指标。造成热板表面温差较大的主要原因有两个：一是外界环境温度影

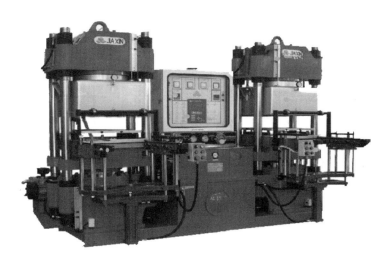

图3-3　平板硫化机

响；二是电热管的间距排布设计。因此，解决电热平板硫化机热板表面温差问题的关键是找出最小温差与电热管间距排列的关系。

3.4.1.2　工作过程

将没有硫化的半成品装入模型后，将模型置于两层热板的间隙中（对于无模型制品，如胶带、胶板直接放入热板之间）。然后向液压缸内通液压介质（油或水），柱塞便推着活动平台及热板向上或向下运动，并推动可动平板压紧模具或制品。在进行上述运动的同时向加热平板内通加热介质，从而使模型（或制品）获得硫化过程所需的压力和温度，经过一段时间（硫化周期）以后，制品硫化完毕，这时将液压缸内的液压介质排除，由于柱塞在本身自重（或双作用缸的液压）作用下下降，便可取出制品。

3.4.1.3　工作原理

在平板硫化机工作时热板使胶料升温并使橡胶分子发生了交联，其结构由线型结构变成网状的体型结构，这时可获得具有一定力学性能的制品，但胶料受热后，开始变软，同时胶料内的水分及易挥发的物质要汽化，这时依靠液压缸给予足够的压力使胶料充满模型，并限制气泡的生成，使制品组织结构密致。如果是胶布层制品，可使胶与布黏着牢固。另外，给予足够的压力防止模具离缝面出现溢边、花纹缺胶、气孔海绵等现象。

3.4.2　实验原料（以天然胶硫化为例）

混炼胶：天然橡胶、硫化剂、防老剂、硫化促进剂等。

3.4.3　实验步骤

（1）检查平板硫化机各部分是否正常、清洁，然后将平板硫化机加热至142 ℃并恒温。

（2）检查模具是否完好、清洁，认真除去残留的胶屑及油污杂物。

（3）把模具放在平板硫化机的平板上，并使之上、下两平板接触预热20min。

（4）检查胶料是否完好，如发现喷霜现象应回炼。

（5）视模具型腔大小，用剪刀剪取混炼胶料与硫化试样。

（6）取出模具，打开模具，进一步检查是否清洁，涂上脱模剂，把试样放于模具型腔中间，合模，放在平板硫化机上加压进行硫化。

（7）将平板硫化机压力升高到1962kPa（20kgf/cm³）以上，使胶料硫化到规定时间为止（根据正硫化时间）。

（8）卸压后，取出模具，并立即趁热取出硫化胶制品。

（9）清理模具，涂上机油防锈。

3.5　工艺设定对制品性能的影响

影响橡胶制品质量的因素有三个：硫化温度、硫化压力及硫化时间，它们是构成硫化条件的主要因素，又称"硫化三要素"。

3.5.1　硫化温度

硫化温度直接影响硫化反应速度和硫化的质量。提高硫化温度可加快硫化速度，但是高温容易引起橡胶分子链裂解，从而产生硫化返原，导致力学性能下降，故硫化温度不宜过高。适宜的硫化温度要根据胶料配方而定，其主要取决于橡胶的种类和硫化体系。一般以天然胶为主的配方硫化温度相对较低，过高胶料易返原，丁苯橡胶、丁腈橡胶硫化温度可再高些；树脂硫化体系要求的硫化温度一般较高，在160℃以上，而硫黄硫化体系反应的活化能相对较低，硫化温度比树脂硫化温度低，过氧化物硫化温度主要取决于过氧化物分解的半衰期的温度，特别是半衰期为1min的温度。

若生产制品的外形尺寸较厚，规格较大，硫化温度不宜过高，温度过高可能造成表面过硫或内部欠硫。

3.5.2　硫化压力

硫化过程中对胶料施加压力的目的在于使胶料在模腔内流动，充满沟槽，防止出现气泡或缺胶现象；提高胶料的致密性；增强胶料与布层或金属的附着强度；有助于提高胶料的力学性能（如拉伸性能、耐磨、抗屈挠、耐老化等），硫化出合格的制品。

在确定硫化压力时要考虑到制品的尺寸、厚度等结构的复杂程度以及混炼胶的门尼黏度等因素。通常根据混炼胶的可塑性、试样（产品）结构的具体情况来决定，如门尼黏度小、塑性大的，压力宜小些；厚度大、层数多、结构复杂的，压力宜大些。

3.5.3 硫化时间

对于制品来说，硫化时间通常是指达到工程正硫化的时间，它是由硫化温度、厚度、制品形状、胶料自身的硫化特性决定的。胶料自身的硫化特性取决于胶料配方，配方确定后，硫化温度和制品厚度是决定硫化时间的主要因素。对于给定的胶料来说，在一定的硫化温度和压力条件下，有一个最适宜的硫化时间，时间过长或过短都会影响硫化胶的性能。

适宜硫化时间的选择可通过硫化仪测定。

3.6 实验数据处理

3.6.1 硫化曲线实验记录

混炼胶硫化数据参数列于表3-2中。

表3-2 混炼胶硫化数据参数

参数	1#	2#	3#
TS_1			
TC_{10}			
TC_{90}			
ML			
MH			

3.6.2 平板硫化操作实验记录

平板硫化操作实验记录列于表3-3中。

表3-3 平板硫化操作实验记录

项目	温度	压力	时间

3.7 实验现象与结果分析

（1）生胶料的硫化数据见表3-4。

表3-4　生胶料硫化数据

项目	ML	MH	TS_1	TC_{10}	TC_{90}
150℃	12.7N·m	20.7N·m	1'4"	1'15"	2'37"
标准值	5.8N·m	14.1N·m	2'6"	2'25"	3'32"

表3-4数据说明此份胶料（与标准值相比）有何区别？若用来生产可能存在什么问题？

（2）生产胶料的硫化数据见表3-5。

表3-5　生产胶料硫化数据

项目	ML	MH	TS_1	TC_{10}	TC_{90}
150℃	5.5N·m	18.4N·m	6'10"	6'24"	7'17"
标准值	5.35N·m	17.76N·m	3'18"	3'33"	4'52"

表3-5数据说明此份胶料（与标准值相比）有何区别？若用来生产可能存在什么问题？

（3）胶料的硫化工艺条件与硫化制品的性能有何关系？

（4）天然胶硫化的实质是什么？

（5）混炼胶与硫化胶的物理特点有何异同之处？

3.8　思考题

（1）橡胶为什么要进行硫化？

（2）正硫化的测定方法有哪些？

（3）理想的硫化曲线是怎样的，并区分各个阶段。

（4）硫化三要素分别是什么？

（5）硫化温度如何确定？

（6）橡胶制品在硫化时为什么要加压？硫化压力如何确定？

（7）如何用硫化效应确定厚制品的硫化程度？

（8）简述几种常用的硫化介质。

3.9　注意事项

（1）操作时穿戴好防护用品，不得使用湿手套。

（2）硫化时先预热平板，检查平板层间有无杂物，其他部位是否正常。

（3）压力表、温度计要保持灵敏、有效，根据安全及工艺条件，严格掌握气压、油压及硫化温度。

（4）装入硫化模具时，手不得伸入平板间，以防烫手、挤伤，发现问题应停车处理。使用的模具要摆放平稳，以防跌落砸伤。

（5）操作完毕，切断电源，关闭水、气阀，将模具放回指定地方。

参考文献

［1］杨清芝. 实用橡胶工艺学［M］. 北京：化学工业出版社，2005.

［2］谢遂志. 橡胶工业手册. 第一分册：生胶与骨架材料［M］. 北京：化学工业出版社，1989.

［3］梁星宇，周木英. 橡胶工业手册. 第三分册：配方与基本工艺［M］. 北京：化学工业出版社，1992.

［4］刘印文，刘振华. 橡胶密封制品实用加工技术［M］. 北京：化学工业出版社，2002.

［5］邓本诚，纪奎江. 橡胶工艺原理［M］. 北京：化学工业出版社，1984.

第4章 聚合物的注射成型

4.1 概述

注射成型是高分子材料成型加工中一种重要的方法。其特点是成型周期短、生产效率高，外形复杂、尺寸精确的制品均可以一次成型，成型适应性强，制品种类繁多，从而容易实现自动化生产，因此应用十分广泛，几乎所有热塑性塑料及多种热固性塑料都可以用此法成型，橡胶制品也如此。

塑料的注射成型是将粒状或粉状塑料加入注射机的料筒，经加热熔化呈流动状态，然后在注射机的柱塞或移动螺杆快速而又连续的压力下，从料筒前端的喷嘴中以很高的压力和很快的速度注入闭合的模具内。充满模腔的熔体在受压的情况下，经冷却（热塑性塑料）或加热（热固性塑料）固化后，开模得到与模具型腔相应的制品。塑料的注射成型又称注射模塑，简称注塑。作为塑料制品成型的重要方法，塑料制品中有30%左右是经注塑成型得到的，而在工程塑料制品中这一比例高达80%。

橡胶的注射成型又称注压成型，是以条状或块粒状的混炼胶加入橡胶注射机，注压入模后须停留在加热的模具中一段时间，使橡胶进行硫化反应，才能得到最终制品。注压成型方法类似于橡胶制品的模压成型，都是利用物料在模具中加热加压硫化的工艺原理，两者的不同在于压力传递方式和硫化特点不一样。注压充模具有压力大、速度快的特点，注压硫化属于高温快速硫化，且模具中物料的内外层温度均匀一致。因此，相比模压成型，橡胶的注射成型具有生产能力高、劳动强度低、易自动化和产品品质优等特点，适用于批量化生产，是目前橡胶加工的主要发展方向。

注射成型是间歇生产过程，因此较大的管、棒、板等连续型材不能用此法生产，然而其他各种形状、尺寸的则可以采用这种方法。它不但常用于树脂的直接注射，也可以用于复合材料、增强塑料及泡沫塑料的成型，还可以同其他工艺结合起来，目前在众多注射成型工艺中，热塑性塑料注射占主导地位。此外为了适合一些具有特殊性能要求的塑料注塑，除了传统的注射成型技术外，还开发了一些专用的注射成型技术，如反应注射成型（RIM）、气体辅助注射成型（CAIM）、流动注射成型（LIM）、结构发泡注射成型、排气注射成型、共注射成型等。

4.2 实验目的

（1）了解注射机和模具的基本结构、动作原理和使用方法。

（2）充分了解注射成型工艺过程以及工艺条件，初步学会调整注射时的温度、压力与时间。

（3）了解工艺控制条件与制品性能的关系。

4.3　实验原理

以热塑性塑料的注射为例，注塑机的工作原理是借助螺杆（或柱塞）的推力，将已塑化好的熔融状态（即黏流态）的塑料注射入闭合好的模腔内，经固化定型后取得制品的工艺过程。

注射成型是一个循环的过程，每一周期主要包括：定量加料—熔融塑化—施压注射—充模冷却—启模取件。取出注塑件后再闭模，进行下一个循环。其中移动螺杆式注塑机结构如图4-1所示。

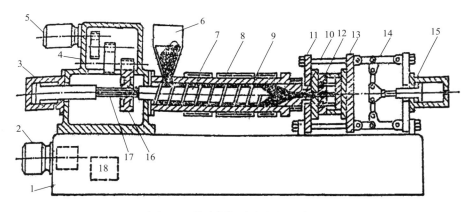

图4-1　移动螺杆式注塑机示意图

1—机座　2—电动机　3—油缸　4—变速箱　5—齿轮传动机　6—料斗　7—螺杆　8—加热器　9—料筒　10—喷嘴　11—定模板　12—模具　13—动模板　14—锁模机构　15—锁模油缸　16—螺杆传动齿轮　17—螺杆花键槽　18—油缸

4.3.1　闭模

闭模作为注射成型周期的起点，其闭合的速度和压力是变化的，首先是动模快速低压进行闭合，直至将要与定模接触时，全模动力系统自动切换成低压低速，再切换成高压将模具合紧。

4.3.2　注射装置前移和注射

确认模具合紧后，注射装置前移，喷嘴与模具贴合，推动螺杆将均匀塑化的物料以规定的压力和速度注塑模腔，直至熔料充满全部模腔，螺杆作用面的压力为注射压力（Pa），螺杆移动的速度为注射速度（cm/s）。

熔料能否注入模腔，取决于注射时的速度、压力以及熔体温度。熔体温度和模具温度通过熔体黏度、流动性质变化等来影响注射的速率。

熔体充填时间主要受注射速度制约。速度慢，充模时间长；反之，充模时间短、熔料温差较小、密度均匀、熔接强度较高、制品外观及尺寸稳定性良好。但是，注射速度过快时，熔体以高速流经截面时变化复杂，并伴随热交换行为，会引起复杂的流变现象，使制品可能因物料的不规则流动或过量充模而引起瑕疵。

在其他工艺不变时，熔体在模腔内充填过量或不足取决于注射压力高低，进而影响分子取向程度和制品的外观质量（飞边或缺陷等）。

4.3.3 保压

熔料注入模腔后，由于冷却作用，物料会产生收缩而导致空隙，为此必须对熔料保持一定的压力使之继续流入补充。这时螺杆作用面的压力称为保压压力（Pa）。

保压程度主要控制的因素是保压压力和保压作用的时间，它们对于提高制品密度、稳定制品形状、改善制品质量均衡有关系。

保压压力可以等于或小于注射压力，保压时间以压力保持到浇口刚封闭时为好（过早卸压会引起模腔物料倒流，时间过长则增加制品的内应力，造成难脱模或使制品开裂）。

4.3.4 冷却和预塑

完成保压程序后，卸去保压压力。物料在模腔内冷却定型，其所需的时间称为冷却时间。冷却时间越短越好。

注射工艺中，下一个周期的原料预塑化和物料在模腔内冷却这两个过程在时间上是重叠的，通常需要螺杆预塑化时间小于冷却定型时间。

4.3.5 开模顶出制件

模腔内的物料实现冷却定型后，合模装置即自行开模，托模顶落制品，准备再次闭模，重复下一次注射操作。

注射成型生产效率高、产品质量好，容易实现自动化，加工适应性强。

4.4 实验原料及实验设备

4.4.1 实验原料

实验采用改性PS挤出料。

4.4.2 实验设备

4.4.2.1 注射机类型

注射机根据结构特点可以分为柱塞式、双阶柱塞式、螺杆预塑化柱塞式和移动螺杆式，如图4-2所示。目前最常用的为移动螺杆式，本实验以移动螺杆式注塑机为主要介绍对象。根据外形特征可以分为立式、卧式和角式三类。立式注射机注射装置和定模板设置在设备的上部，而锁模装置、动模板、推出机构均设置在设备的下部，优点是设备占地面积小，模具装拆方便；安装嵌件和活动型芯简便可靠，缺点是不易自动操作，只适用于小注射量的场合，一般注射量为10～60g。卧式注射机的注射装置和定模板在设备的一侧，而锁模装置、动模板和推出机构在另一侧，优点是机体较矮、易操作。制品推出后能自动落下，便于实现自动化操作，缺点是设备占地面积大，模具安装比较麻烦。

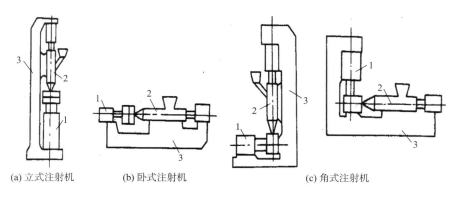

(a) 立式注射机　　(b) 卧式注射机　　(c) 角式注射机

图4-2　注射机外形示意图
1—合模装置　2—注射装置　3—机身

反映注射机加工能力的主要参数是注射量和锁模力。注射量是指注射机在注射螺杆（或柱塞）做一次最大注射行程时，注射装置所能达到的最大注射量。以PS为标准，用注射出熔融物料的质量单位（g）表示，如60g，即注射PS的注射量是60g，因为PS的相对密度接近于1，注射PVC就是60×1.4=84g。用注射出熔融物料的容积（cm³）表示，该法与相对密度无关，较方便，现国产注射机多用容积的大小表示注射机的容量。注射机中应用最多的是60～2000cm³的中小型注射机，约占注射机的70%。

锁模力是由合模机构所能产生的最大模具闭紧力决定的，它反映了注射机成型制品面积的大小。一般用注射机的注射量和锁模力同时来表示注射机的加工能力，并以此反映注射机的大小，不同类型注射机的加工能力见表4-1。

表4-1　注射机的加工能力

类型	锁模力（kN）	注射量（cm³）
超小型	<200～400	<30～60
小型	400～3000	60～500
中型	3000～6000	500～2000
大型	8000～20000	>2000
超大型	>20000	

4.4.2.2　注射机的组成

注射机可分为以下几个组成部分：注射系统、注射模具、锁模系统、电控系统、液压系统和监测安保装置。其中注射系统是注射机的主要部分，其作用是使塑料受热、均匀塑化直到黏流态，并以一定的压力和速度注射入模具型腔，并经保压补塑而成型。

（1）注射系统。注射系统由加料器、机筒（塑化室）、螺杆和喷嘴组成。

① 加料器（料斗）。其开口与机筒连接，注射机采用自重加料。料斗为倒圆锥或方锥形，容纳1~2h的用料，采用间歇性加料和计量，有的还设有加热和干燥装置，大中型注射机还有自动上料装置。加料口底部通水进行冷却。自动上料装置结构如图4-3所示。

图4-3　自动上料装置

② 机筒。注射机的机筒大多采用整体式，由于要求其耐温、耐压、耐磨及耐腐蚀，因此，常采用含铬、钼、铝的特殊钢制造，经氮化处理，表面硬度HRC60左右，常用氮化钢为38CrMoAeAo。机筒的加热：机筒的外部装有四个电加热器，分四段加热，在机筒的底部钻孔，热电偶分别插在孔里，测量各区的温度，然后由计算机控制温度分段加热，料筒温度为逐渐上升。料筒的容积决定了注射机的最大注射量，螺杆式料筒为最大注射量的2~3倍。

③ 螺杆。螺杆是移动螺杆式注射机的重要部件，起到对塑料输送、压实、塑化及传递注射压力的作用。一般使用通用螺杆，通用螺杆的特点是其压缩段长度介于渐变螺杆、突变螺杆之间，为（3~4）D，以适应结晶性塑料和非结晶性塑料的加工需要，注射螺杆头部为尖头，与喷嘴吻合，如图4-4所示。

④ 喷嘴。喷嘴连接机筒，是与模具接触的部件，熔融的塑料在螺杆的作用下以相当高的压力和速度通过喷嘴注射到模具的型腔中，要求：结构简单、阻力小、不出现料的流延，注射喷嘴结构示意图如图4-5所示。按对不同的材料和需求可以分为以下三类：

图4-4 注射机螺杆

a．通用式。结构简单，无加热装置，常用于聚乙烯（PE）、聚苯乙烯（PS）、聚氯乙烯（PVC）及纤维素等注射成型。

b．延伸式。结构简单，有加热装置，注射压力降较小，适用于聚甲基丙烯酸甲酯（PMMA）、聚甲醛（POM）、聚砜（PSF）、聚碳酸酯（PC）等高黏度树脂。

c．弹簧针阀式。属于自锁式，结构复杂，注射压力降较大，主要适用于聚酰胺（PA）、聚对苯二甲酸乙二酯（PET）等熔体黏度较低的塑料注射。

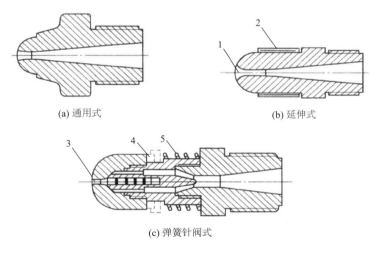

(a) 通用式　　　　　　　　　　(b) 延伸式

(c) 弹簧针阀式

图4-5 注射喷嘴结构示意图
1—喇叭口 2—电热圈 3—顶针 4—导杆 5—弹簧

（2）注射模具。注射模具是使塑料注射成型为具有一定形状和尺寸的制品的部件，由浇注系统、成型部件和结构零件组成。浇注系统是塑料熔体从喷嘴进入型腔前的流道部分；成型部件是构成制品形状的部件，包括定模、动模、型腔、型芯和排气孔等；结构零件是构成模具的各种零件，包括导向柱、脱模装置、抽芯机构等。注射模具分为动模和定模，注射时动模和定模闭合构成型腔和浇注系统，开模时动模和定模分离，取出制件。典型注射模具基本结构、流道结构如图4-6、图4-7所示。

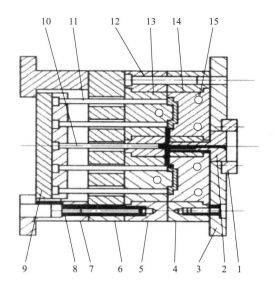

图4-6 典型注射模具基本结构

1—定位环 2—主流道衬套 3—定模底板 4—定模板 5—动模板 6—动模垫板 7—模脚 8—顶出板
9—顶出底板 10—拉料杆 11—顶杆 12—导柱 13—凸模 14—凹模 15—冷却水通道

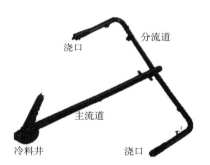

图4-7 流道结构图

本实验中，力学性能模芯设计为：拉伸样条1条，冲击样条1条，弯曲样条2条（其中一条用于测热变形温度），即一模有四样条。

① 拉伸样条，依据标准GB/T 1040.1—2018、GB/T 1040.2—2022，具体拉伸试样参数见表4-2。

其中，$L \geqslant 150$mm，$d=（4 \pm 0.2）$mm，$R \geqslant 60$。

② 冲击样条，依据标准GB/T 1043.1—2018、GB/T 1043.1/1eA，冲击样条如图4-8、图4-9所示。

其中，长度$L=（80 \pm 2）$mm；宽度$b=（10.0 \pm 0.2）$mm；厚度$h=（4.0 \pm 0.2）$mm；$b_N=（8.0 \pm 2）$mm；样条1/3的长度内各处厚度与厚度平均值的偏差不应大于2%，宽度与平均值的偏差不应大于3%，样条截面应是矩形且无倒角。

③ 弯曲样条。依据标准GB/T 9341—2008，弯曲样条如图4-10所示。

表4-2 拉伸试样参数

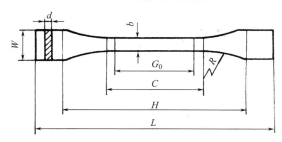

符号	名称	尺寸（mm）	公差（mm）	符号	名称	尺寸（mm）	公差（mm）
L	总长（最小）	150		W	端部宽度	20	± 0.2
H	夹具间距离	115	± 5.0	d	厚度	见正文4.3	
C	中间平行部分长度	60	± 0.5	b	中间平行部分宽度	10	± 0.2
G	标距（或有效部分）	50	± 0.5	R	半径（最小）	60	

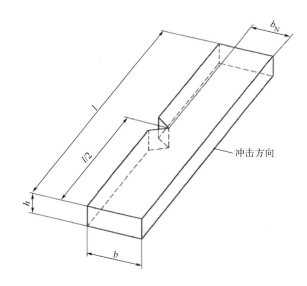

图4-8 冲击样条参数示意图

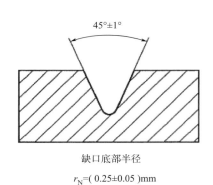

缺口底部半径

$r_N = (0.25 \pm 0.05)$mm

图4-9 A形缺口示意图

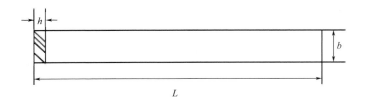

图4-10 弯曲样条参数示意图

推荐试样尺寸是（单位：mm）：$L=80 \pm 2$，$b=10.0 \pm 0.2$，$h=4.0 \pm 0.2$。

对于任一试样，其中部1/3的长度内各处厚度与厚度平均值的偏差不应大于2%，相应的宽度偏差不应大于3%，试样截面应是矩形且无倒角。

④ 热变形温度，依据标准GB/T 1634.1—2019，样条尺寸同弯曲强度样条。

（3）锁模系统。锁模系统是注塑机的重要组成部分，作用是由动模板实施开闭往复运动，油泵电动机转动，使固定于模板上的模具锁紧和开启，并将制品从模腔中顶出。由动模板、定模板、锁模油缸、移模油缸、拉杆、顶出油缸及增压油缸、机架等组成。注射成型时，熔融塑料通常是以40～200MPa的高压注射入模的，足够的锁模力保持模具严密闭合，以防在注射时使模具离缝或造成制品溢边现象。锁模系统的作用是在注塑时锁紧模具，而在脱模出制品时又能打开模具。锁模力的大小主要取决于注射压力、与施压方向垂直的制品投影面积以及浇口在模具中的位置。最常见的锁模系统结构有机械式、液压式和液压—机械组合式三种。曲臂锁模机构和工作原理示意图如图4-11所示。

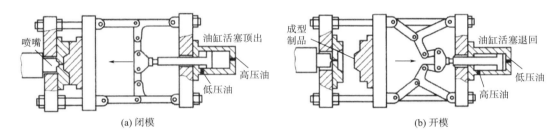

(a) 闭模　　　　　　　　　　　　　　　　(b) 开模

图4-11　曲臂锁模机构和工作原理示意图

（4）电控系统。电控系统包括主电路和计算机以及电源等。它控制并调节整机的工作程序及动态，如位置、速度、时间、压力、温度等。由油泵电动机、继电器、接触器、开关、变压器、稳压器、电源和控制核心——计算机组成。

（5）液压系统。液压系统负责为各执行机构（油缸）提供压力和速度，包括控制系统的压力和流量的主干路及通往各执行机构的分流路，由动力源——电动机、油泵、过滤器组成的泵组系统以及比例压力阀、比例流量阀、背压阀、单向阀、换向阀、溢流阀、阀板阀门、管道等组成。液压系统驱动螺杆的旋转、前移、后退、射胶、熔胶、射台的整体前移、后退。

（6）监测安保装置。检测安保装置是人机安全的保护屏障，通过监测油温、料温、系统超载和设备故障以及特设的机电联锁安全装置，达到人机安全运行。包括安全门、行程开关、机械器件组成的机电安全装置和由热电偶、电子尺、溢流阀与控制电脑构成的自动报警系统。

（7）模温机。注塑机配有模温机，可对模具进行加热，模温机是加热导热油，然后泵送油到模具进行再流回机内，从而对模具进行恒温，模温控制一般在30～100℃。对于结晶型塑料：模温高时，熔料冷却速度慢，结晶度高，制品硬度大，刚性好，拉伸强度高，但收缩率大，模温低时，熔料冷却速度快，结晶度低，制件柔软，韧性、挠曲性好，伸长率高。

4.5　工艺设定对制品性能的影响

4.5.1　理论注射量

理论注射量指熔融料在注射过程中没有回流的情况下，螺杆在最大注射行程下，一次所能达到的最大注射量，它在一定程度上反映了注射机的加工能力，即能成型的最大制件，因此用来表征机器规格的参数。

理论注射量可由式（4-1）计算得到：

$$Q_1 = \frac{\pi}{4} D^2 S \tag{4-1}$$

式中：Q_1——理论注射量，cm^3；

　　　D——螺杆的直径，cm；

　　　S——螺杆的最大注射行程，cm。

4.5.2　注射压力

为了克服熔融物料流经喷嘴、浇道和型腔时的阻力，螺杆对熔融物料必须施加足够的压力，这种压力称为注射压力。注射压力的大小与流动阻力、制品的形状、塑料的性能、塑化方式、塑化温度、模具温度及对制品精度要求等因素有关。

注射压力的选取很重要，它是保证充模过程稳定性和重复性的重要参数，也是保证制品精度和合格率的重要因素，注射压力一般分四级，第一次注入模腔，由于塑料冷却收缩，需要补射多次，以充满模腔。对不同的物料应选取不同的注射压力，压力过高，制品可能产生毛边，脱模困难，压力过低，则易产生物料充不满模腔等现象。

4.5.3　注射速率（注射速度）

注射时，熔融物料注入充满型腔的流动速度，用注射速率（q_z）或注射速度（v_z）来描述这一特性，可由式（4-2）、式（4-3）计算得到。

$$q_z = \frac{Q_1}{t_z} \tag{4-2}$$

$$v_z = \frac{S}{t_z} \tag{4-3}$$

式中：Q_1——理论注射量，cm^3；

t_z——注射时间，s；

S——注射行程，mm。

注射速度根据工艺要求，如塑料的性能、制品的形状及壁厚、浇口设计及模具的冷却来确定，一般采用多级注射速度工艺。

4.5.4 锁模力

为了使熔融的塑料及时充满模具的型腔，螺杆必须保证足够的注射压力作用于熔融的塑料上。当熔融物料在流经机筒、喷嘴和模具的浇注系统时，压力要损失一部分，但进入模腔的熔融物料仍具有一定的压力，一般为注射压力的0.2~0.4。为使注射时模具不被熔融物料顶开，必须对模具施以足够的夹紧力。锁模力是指注射机的合模机构对模具所能施加的最大夹紧力，锁模力与理论注射量一样，表明机器所能成型制品的大小。注射机的规格均以锁模力和注射能力来标称。

4.5.5 塑化能力

塑化能力是指单位时间内所能塑化的物料量，注射机的塑化装置应在一定时间内，保证能够提供足够的塑化量，即混合均匀的熔融物料。

4.5.6 模板尺寸及拉杆内间距

模板尺寸是指模板的外形即在垂直方向和水平方向的尺寸，拉杆内间距是指垂直方向两根拉杆内侧之间的距离和水平方向两根拉杆内侧之间的距离。

4.5.7 动模板行程

动模板行程是指模板行程的最大值。

4.5.8 模具最小厚度与最大厚度

模具最小厚度和模具最大厚度是指动模板行程到最大值时，动模板和定模板间的最小和最大距离。

4.6 实验步骤

4.6.1 拟定实验方案

根据实验所选用原料的成型工艺特点及试样质量要求，拟出实验方案。其中包括如下内容：

（1）塑料的干燥条件。

（2）注射压力、注射速度。

（3）注射—保压时间、冷却时间。

（4）料筒及喷嘴温度。

（5）模具温度、塑化压力、螺杆转速。

（6）制品的后处理。

这些条件的确定受到许多因素的影响，通常是根据塑化原理、制件规格和试样的几何尺寸，结合实践经验初步选定工艺条件。根据试样的要求，按温度—压力—时间的顺序，逐步调整，直至获得比较合适的工艺条件。

4.6.2 界面

4.6.2.1 操作界面

注塑机的操作界面可大概分为：试验操作板块、电热驱动板块、模具调试板块和紧急情况处理板块，不同的注塑机操作界面的布局大同小异。

如图4-12所示，本实验中操作界面中所用到的按键及功能见表4-3。

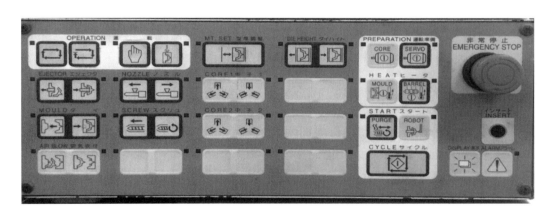

图4-12 常见注塑机的操作界面

表4-3 注塑机操作界面常用功能表

图标	名称/模式	功能	图标	名称/模式	功能
	半自动模式	切换为半自动模式		模具	模具打开
	托模	托模后退		吹气模式	动模吹气

图标	名称/模式	功能	图标	名称/模式	功能
	手动模式	切换为手动模式		模具	模具闭合
	托模	托模顶出		吹气模式	定模吹气
	基台移动	基台左移		基台移动	基台右移
	射进	物料射出		射退	蓄料
	发动机	发动机开关		加热装置	加热开关
	屏幕	屏幕暗亮开关		警报	警报提示音消除
	模具调整	模具位置调整		非常停止	紧急情况下停止

4.6.2.2 设置界面

一般可大概分为设置界面和操作界面两大板块，其中设置界面数据一般在实验前设计好，并在开机后在设置界面上输入相应的工艺参数。

（1）温度。每个注塑机可设置的温控段有所不同。如图4-13所示，该注塑机从"HEN"段为喷嘴温度、"H N"到"H 3"是塑化段的温度、"料斗下"是加料段的温度。温度设定时，喷嘴段的温度应该稍高，加料段的温度应该处于较低温，防止喷嘴跟进料口堵塞现象的发生。

当注射机温度指示仪指示值达到预调温度时，再恒温10~20min，然后进行对空注射。如从喷嘴流出的料条光滑明亮，无变色、银丝、气泡，说明料筒温度与喷嘴温度比较适宜。此时即可按该条件用半自动操作方式制备试样。调整料筒温度要注意恒温时间，一般料筒温度每变动8~10℃，需要恒温10~20min。并注意不要在短时间内频繁变动料筒温度。模具温度应控制在各种塑料所要求的温度范围内。模具温度的测量方法是在模塑周期固定的情况下，使用精确度不低于±2℃的触点测温计，分别测量模具动定板型腔不同部位的温度，测量点不少于3处。

（2）压力与速度。设置时根据工艺要求来设定不同的注射压力（PI 1），如图4-14所

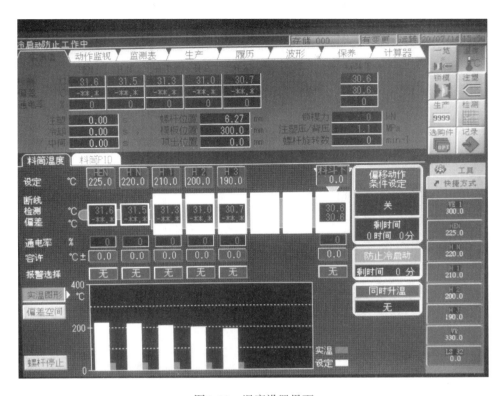

图4-13　温度设置界面

示，压力的大小对注射件的性能有着非常重要的影响。底部 LS 10、LS 5、LS 4A、LS 4B、LS 4C表示螺杆的熔胶行程，数值越大，熔胶量越大，实验室应根据不同的模具设置不同的熔胶行程。

注射压力是指注射时螺杆头部施加于塑料的单位面积压力，一般以注射油缸液压油的表压间接表示出来。注射压力通常是由低到高逐渐调节。注射速度是以注射时螺杆前移的速度来表示，若试样较厚，注射速度宜慢，否则宜快，在保证熔体充满型腔、试样外观质量较好的情况下，一般采用较快的注射速度。螺杆转速一般控制在28 ~ 60r/min 。对于热敏性塑料宜用低的转速和塑化压力，熔体黏度高的塑料宜用低的转速和高的塑化压力。

（3）时间。成型周期各阶段的时间，如闭模时间、注射保压时间、冷却时间、启模时间等，这些时间用注射机中的时间继电器测量。如图4-15所示，屏幕右端"计时"设定模块可以设定注塑时间、冷却时间、保压时间及中间操作时间，实验初期在保证试样（制品）不发生凹陷和变形的前提下，调整最佳的注塑和冷却时间。

4.6.3　注射试样（制品）

（1）模具调整。根据测试需求选用和调整合适的模具。

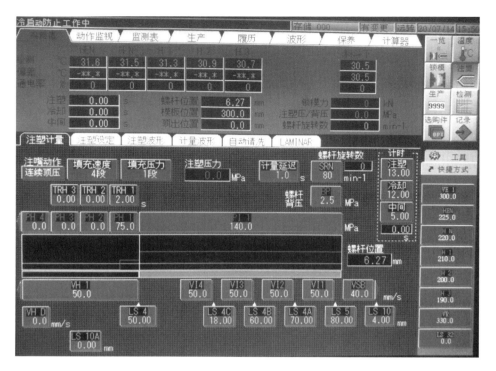

图4-14　压力与速度设置界面

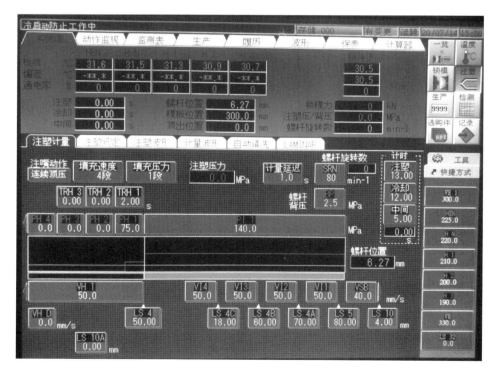

图4-15　计时模块

（2）开机预热。根据设定的温度，对料筒和喷嘴进行预热，假若开机原有显示温度高于设定温度，这时需先升至原有的显示温度，洗机后再降温至设定温度。

（3）洗机。当达到预调温度时恒温10~20min，再加料进行对空注射，如从喷嘴流出的料条光滑明亮，无变色、银丝、气泡，说明料筒温度和喷嘴温度比较适宜。

（4）试样注射过程。注射成型过程如下。

合模 ⟶ 注射 ⟶ 保压 ⟶ 冷却 ⟶ 开模 ⟶ 顶出试样（制品）⟶ 试样（制品）
　　　　　　　　　　↓
　　　　　　　　　顶塑

注射试样过程中，模具的型腔和流道不允许涂擦润滑性物质。

试样（制品）数量按测试需要而定。每完成一次注射周期，应通过对制品外观质量进行判断，看实验条件是否适合，发现不当时应对实验条件进行调整。

试样外观质量应符合塑料试验方法GB/T 1040—2006的规定或产品标准规定。

（5）对比实验。在确定的实验条件下，改变工艺条件做对比实验，如注射压力、注射速度、冷却时间、料筒温度等。

4.6.4　试样性能检验

所制得试样供下列性能测试：

（1）冲击强度测试：按 GB/T 1043.2—2008进行。

（2）弯曲强度测试：按 GB/T 9341—2008进行。

（3）热变形温度测试：按 GB/T 1634.1—2019进行。

（4）拉伸强度测试：按 GB/T 1040.2—2022进行。

4.7　实验数据处理

根据实验操作填写表4-4、表4-5，完成实验记录。

表4-4　注射工艺参数记录

仪器名称			型号		
材料名称			材料组成		
干燥温度（℃）	干燥时间（h）	料筒温度（℃）			
		喷嘴	H N	H 1	H 2	H 3

注射压力（MPa）	注射时间（s）	锁模力（kN）	注射速度（mm/s）			
			VI 1	VI 2	VI 3	VI 4
保压时间（s）	冷却时间（s）	模具温度（℃）	保压压力（MPa）			
			PH 1	PH 2	PH 3	PH 4
螺杆转速（r/min）	螺杆背压（MPa）	螺杆初始位置（cm）	熔胶行程（mm）			
			LS 10	LS 5	LS 4A	LS 4B

表4-5　注射实验工艺更变记录

项目		物料名称				
		1	2	3	4	5
更变工艺条件	料筒温度（℃）					
	注射压力（MPa）					
	冷却时间（s）					
	注射速度（mm/s）					
制品外观评价						

4.8　思考题

（1）常见的注塑机有哪几种？本实验使用的是什么类型的注塑机？

（2）室温较低时，喷嘴和模具接触时间过长会使喷嘴的物料冷却堵塞，怎样才能避免这种情况发生？

（3）提出实验方案的料筒温度、注射—保压时，应考虑哪些问题？

（4）结合试样性能（制品）测试结果，试分析试样性能与原料、工艺条件及实验设备的关系。

（5）试分析试样（制品）产生如表4-6所示情况的原因，并提出相应的处理措施。

表4-6 制品常见状况

情况	缺料	溢料	凹痕	气泡	流纹
原因					
处理措施					

4.9 注意事项

（1）开机前应先对料筒加热，时间约为30min。

（2）切勿使金属或其他硬物质落入料斗中。

（3）如需喷嘴脱离模具进行注射时，应选"点动"操作，保证操作安全。

（4）喷嘴阻塞时应取下清理，切勿用增加压力的方法清除阻塞物，喷嘴位置调整不当时，塑料可从缝隙中漏出，积聚在喷嘴周围，此时应重新调整。

（5）如在注射时有不正常现象，应立即进行检查，切勿增加压力进行注射。

（6）在操作时要关好前后两扇安全门，以免手被压伤或被喷料灼伤，取产品时，切勿关闭安全门，免遭人身事故。

（7）机器运行中，严禁将手伸进两模之间工作或观察。

（8）停止操作生产时，须先停止加热，并关闭冷却自来水阀门。

参考文献

［1］唐颂超.高分子材料成型加工［M］.3版.北京：中国轻工业出版社，2020.

［2］王小妹，阮文红.高分子加工原理与技术［M］.2版.北京：化学工业出版社，2015.

第5章 聚合物熔融纺丝实验及纤维形貌观察

5.1 聚合物熔融纺丝

5.1.1 概述

纤维是一种柔软、细而长的物质，典型的纺织纤维的直径为几微米至几十微米，长度根据使用的要求可为连续长丝，或者短纤维，其中短纤维又可分为棉型、毛型、填充类和非织造布产品用类。

在化学纤维的制造过程中，纺丝流体（熔体）从喷丝孔挤出，在纺丝套筒（甬道）中冷却形成连续不断的丝条，这种长度以千米计的光滑而有光泽的丝称为长丝。长丝一般包括单丝和复丝，其中单丝原指单孔喷丝头纺制而成的一根连续单纤维，但在实际应用中，往往包括3~6孔喷丝头纺成的3~6根单纤维组成的少孔丝；复丝是由数十根单纤维组成的丝束，其中用于制造轮胎帘子线的复丝俗称帘线丝，帘线丝一般由100多根到几百根单纤维组成。熔融纺丝试验长丝样品如图5-1所示。

图5-1 熔融纺丝试验长丝样品

熔融纺丝始于20世纪30年代，华莱士·卡罗瑟斯（W.H.Carothers）及其在杜邦的合作者合成了聚酰胺和脂肪链聚酯，并实现对了聚酰胺的熔融纺丝商业化生产。常用于熔融纺丝的材料包括聚酰胺、聚酯和（线性）聚烯烃。表5-1列出了用于纤维熔纺的聚合物种类及其相关性能。

表5-1 用于熔融纺丝聚合物的典型性能

聚合物	密度（g/cm³）	T_g（℃）	T_m（℃）	T_d（℃）	TP	Res	ChR	AR
PA6	1.14	50	225	387	++	++	+	++
PA66	1.14	50	260	407	++	++	+	++
PET	1.39	75	260	402	++	+	+	+
PBT	1.33	50	220	373	++	++	+	+
PLA	1.25	60	165	321	+	+	+	−
PP	0.91	−15	170	399	++	−	++	+
LDPE	0.92	−125	110	440	+	−	++	−
HDPE	0.95	−125	130	436	++	−	++	+
PVDF	1.78	−40	170	431	−	++	++	−
PEEK	1.32	145	335	569	++	++	++	++
PPS	1.34	85	285	494	++	++	++	++
PEI	1.27	215	−	515	++	++	++	++
PMMA	1.18	110	−	334	−	+	−	+
PC	1.20	150	−	471	−	+	−	−

注 密度、T_g和T_m是平均值（确切的数据取决于结晶度和分子量）。对于PLA，假定L型和D型乳酸的比例为98∶2。分解温度T_d为N_2中质量损失达到5%（质量分数）的温度，该损失通过热重分析法测量。性质：TP—拉伸性能，Res—弹性，ChR—耐化学性，AR—耐磨性。性能：++—非常好，+—可以接受，−—较差。

需要注意的是，最大允许纺丝温度窗口可能会大幅低于表5-1中引用的分解温度（T_d），而某些聚合物的熔体加工窗口接近T_d。熔体纺丝的基本要求是聚合物在其降解温度以下具有可热熔性。另外，此类热塑性聚合物应具有以下特性，以简化其可加工性并产生足够的纤维特性。

（1）承受挤出温度和剪切应变，且降解较小，不发生交联（热稳定性）。

（2）聚合物大分子必须是线型的，支链应尽可能少，无庞大的侧基，且大分子之间无化学键。

（3）具有足够高的分子量，熔体具有足够的熔体强度，以防止熔体细流在拉伸应变下产生断裂，但相对分子质量不宜太大，因黏度太高会影响其加工性。

（4）分子量分布窄，即无大量的低分子和高分子尾端，以确保一致的熔体流变学行为。市售聚合物的分子量分布为2～12或更高；根据经验，稳定的熔融纺丝用聚合物的分子量分布不应超过3。

（5）聚合物具有足够高的分子链运动的能力，能在应力下实现解缠，并在应变下沿纤维方向取向（最适合使用线型聚合物）。

（6）材料本体高均匀度和纯度，以防止加工过程中的波动和阻塞。

（7）聚合物的熔点或者软化点应比允许使用温度高。

环境温度、湿度、加工温度、熔体停留时间和剪切力将显著促进挤出和纺丝过程中相对分子质量的降低。局部剪切加热可导致熔体温度提高10~15℃。

水分会强烈影响可加工性，并导致聚合物在挤出过程中降解，因此在挤出之前聚合物的干燥非常重要。对于聚酯，例如聚对苯二甲酸乙二酯（PET）、聚对苯二甲酸丁二酯（PBT）或聚乳酸（PLA）尤其如此。因为在水的存在下，它们会因熔体的水解降解（水解）而遭受相当大的相对分子质量损失。为了除水，可以采用流化床或真空（滚筒）干燥机，也可以在常压下用干燥的空气或氮气在进料斗中连续干燥。然而，将聚酰胺过度干燥至低于平衡水分含量两个数量级以上，会对挤出工艺产生负面影响，因为水分会影响缩聚物的化学平衡，并在加工中充当聚酰胺的润滑剂。非吸湿性聚合物（如聚烯烃）通常不需要在加工前进行干燥。但是，对疏水性含氟聚合物，如聚偏二氟乙烯（PVDF）加工前进行干燥处理是为了去除切片表面的水分，避免水溶解氟化氢（HF）单体，形成高度腐蚀性和剧毒的氢氟酸。制备纤维的聚合物不仅包含残留的水，还可能包含溶解和分散的气体，以及在加工温度下沸腾的挥发性液体和固体，例如未反应的单体、反应副产物。在聚合物挤出期间，这些物质因静压力保持在熔体中，但其溶解度随着模头出口压力的降低而降低，从而会导致在熔体丝中形成气泡和（或）凹坑表面，这会损害纤维质量或阻碍可纺性。从喷丝头蒸发的挥发物必须用排气装置清除，以保护操作员并避免在模头出口处结块。

迄今为止，大多数合成纤维是由半结晶聚合物纺制而成的。晶体结构稳定了高度取向的分子链，限制了非晶区T_g以上分子链段的运动，从而避免了明显的纤维收缩。因此，一般熔融纺丝仅适用于具有高T_g的无定形聚合物，如聚醚酰亚胺（PEI）和聚碳酸酯（PC）进行纤维熔纺（表5-1）。

5.1.2　实验目的

熔融纺丝成型是纤维加工的一个重要的工艺过程，通过本实验，使学生掌握熔融纺丝成型的原理及基本工艺过程，了解影响纤维成型稳定性的影响因素以及纤维成型过程中结构的形成及其对纤维产品性能的影响。

5.1.3　实验原理

熔融纺丝相对于其他纤维成型方法，如溶液纺丝而言具有自身的优势，如成型过程仅涉及传热，不包括传质过程，除反应性纺丝外，无化学反应发生。由于不采用溶剂，因此属于清洁环保的纤维成型过程。

目前，熔融纺丝法用于工业生产主要有两种方法，即直接纺和切片纺。直接纺是直接将聚合得到聚合物熔体送去纺丝；切片纺是将聚合所得到的聚合物熔体经铸带、切粒等工序制成切片，然后在纺丝螺杆挤出机中重新熔融成熔体进行纺丝。

一般，熔体纺丝主要包括四个步骤：一是纺丝熔体的制备，二是熔体经过喷丝孔挤出——熔体细流的形成，三是熔体细流被拉长变细并冷却凝固，四是固态丝条的上油和卷绕。

典型的熔体纺丝生产线包括螺杆挤出机、纺丝组件和纤维拉伸单元，如图5-2所示。将聚合物粒料、颗粒或切片从料斗喂入单螺杆挤出机进行熔融和加压。此外，可通过侧喂料挤出机（图5-2中未显示）添加母料，用于制备有色丝或功能纤维。熔体计量泵（齿轮泵）可确保定量准确的生产率。纺丝组件包括聚合物过滤和分配部件以及形成纤维细流的喷丝头。挤出和纺丝生产线管路的总体设计必须避免因突然变细或出现死点而使熔体停滞，因为在这些地方聚合物可能会局部降解并间歇性地排入熔体流中，严重则导致熔体破裂。

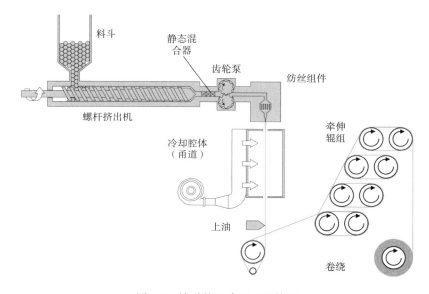

图5-2　熔融纺丝成型工艺简图

熔融纺丝喷丝板的喷丝孔径一般为0.1~0.4mm，所得卷绕丝的直径为2~40μm，即熔体出喷丝孔后，丝条的直径需要进行大幅度减小，可以通过高倍的拉伸实现。熔融纺丝速度快，一般工业上熔融纺丝的卷绕速度为每分钟几百米至几千米，实验室最高可达到11000m/min。

熔体细流离开喷丝板后，进入冷却风甬道或水浴中进行固化，固化丝条经冷却并施加纺丝油剂后，通过多个导丝辊拉伸（在线或离线）实现牵伸过程。丝条的冷却和固化在喷丝板下的空气中进行，该气流经过一定的调温调湿处理，以垂直、平行、S形等不同方向进行吹送。

为了提高可拉伸性，可将导丝辊加热，或者将细丝引导到热板上或通过拉伸烤箱。最后，使用络筒机将拉伸后的丝条缠绕在筒管上。

在这些过程中，成纤聚合物要发生几何形态、物理状态和化学结构的变化。几何形态的变化主要是指成纤聚合物流体经喷丝孔挤出和在纺丝线上转变为具有一定截面状态的、长径比无限大的连续丝条（即成型）。纺丝过程中化学结构变化很小，仅有小量的裂解和氧化等副反应发生。而纺丝过程中物理状态的变化，在宏观上有温度、组成、应力和速度等物理量变化，其中也涉及聚合物的熔化、纺丝流体的流动和形变、丝条固化过程中的凝胶化、结晶、二次转变和拉伸流动中的大分子取向，以及成型过程中所涉及的扩散、传热和传质等。

工业上DTY（拉伸变形丝）的熔融纺丝一般分为两个工艺段：前纺和后纺，其中前纺制备部分取向丝（POY），POY经过平衡一段时间后，进入后纺制备DTY。随着纺丝速度的提高，全拉伸丝（FDY）的生产工艺直接实现一步法纺丝成型，即切片在螺杆挤出机中熔融后，熔体被压送到装在纺丝箱体中的各纺丝部位，经纺丝泵定量送入纺丝组件，在组件中经过过滤，然后从喷丝板的毛细孔中压出而形成细流。这种熔体细流在纺丝甬道中冷却成型，并被拉伸细化，再经上油后集束，经过一系列的含导丝装置的拉伸单元，实现拉伸及热定型工艺环节，然后卷绕成型。

熔体纺丝一般是一元体系，只涉及聚合物熔体丝条与冷却介质的传热，体系组成没有变化。纤维的形态结构和微观结构是在整个成型过程中各项因素所决定，其中每一步都对纤维的结构有影响，特别是熔体细流的拉伸冷却凝固对于纤维超分子结构的形成和纤维的力学性能影响最大。

通常需要采用真空干燥原料和母粒，以避免原料和母粒切片中含有水分对纺丝稳定产生影响；避免切片熔融过程中，聚合物在高温下发生热裂解、热氧化裂解和水解等反应而导致纤维的断头和毛丝。

各种原料的干燥要求如下：

聚丙烯：无须干燥。

涤纶切片：真空干燥，真空度0.09～0.1MPa，温度80～110℃，时间8～14h。

锦纶：真空干燥，真空度0.09～0.1MPa，温度80～110℃，时间8～14h。

聚乳酸：真空干燥，真空度0.09～0.1MPa，温度70～90℃，时间8～14h。

母粒：真空干燥，真空度0.09～0.1MPa，温度80～120℃，时间8～14h，视母粒的热性能而定。

5.1.4 实验原料及实验设备

5.1.4.1 实验原料

实验采用聚丙烯（熔融指数为15～30g/min，约3kg）、色母粒适量、丙纶纺丝油剂。

5.1.4.2 实验设备

实验使用的熔融纺丝机如图5-3所示。该实验设备主要包括料斗、纺丝螺杆、喷丝板组件、计量泵、风冷装置、上油，第一、第二、第三牵伸辊和卷绕装置。由于该实验机可以同时进行纺黏非织造布的成型实验，因此配有纺黏拉伸狭缝装置、纺黏小轧车和热辊单元（光辊和花辊）。整个实验操作控制柜实现实验过程相关参数的设定和控制。

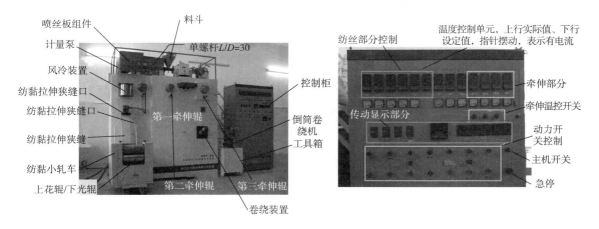

图5-3　小型熔融纺丝试验机及控制柜

5.1.5　工艺设定对制品性能的影响

5.1.5.1　熔融和纺丝温度

聚合物熔融主要指聚合物在纺丝机螺杆和计量泵等纺丝组件中的熔融控制和状态，而纺丝温度一般定义为熔体流出喷丝板孔道前的温度，又称挤出温度。

熔体的状态是直接决定是否可以获得连续纤维的重要加工控制因素之一。一般熔融纺丝工艺中聚合物熔融、输送、计量和纺丝温度设定需要根据聚合物种类、添加剂性质和纺丝卷绕速度决定。

（1）聚合物的熔融和纺丝温度一定要低于聚合物的分解温度，高于聚合物的熔点或者流动温度。

在螺杆的进料段，物料温度低于熔点，进入压缩段后，设定温度逐渐提高，并在螺杆的挤压作用下，切片逐渐熔融，由固态转变为黏流的熔体，其温度基本等于熔点或者比熔点高，并在压缩段结束前全部转变为流体，计量段中成为均匀流体。聚合物都有自己特有的熔化点和分解温度，一旦加工温度超过聚合物的分解温度，聚合物分子链断裂，并在高温下炭化，从而不能形成连续稳定的熔体细流。此外，在实际纤维成型过程中，温度的设计同时要兼顾所添加的助剂和功能改性剂的分解温度，因为这些物质的分解产物和碳化物也会恶化纤维成型时细流的稳定性、初生纤维的后续拉伸和纤维的色泽。

（2）聚合物的熔融温度设定需采用低温进料，高温熔融—塑炼，并根据纺丝稳定性的要求调整纺丝组件和喷丝孔的温度。如果在加工中采用较高的温度进料（即料斗下的温度较高），则极容易导致聚合物切片表面的部分融合，切片彼此黏结而形成架桥现象，或者由于切片在达到压缩段前就过早地熔化，使固体颗粒间的间隙变小，熔化后熔体在等深螺槽的预热段无法压缩，从而失去往前推进的能力，造成"环节阻料"，如图5-4所示。一旦形成这种架桥结构，切片将很难进入螺杆，从而导致螺杆空转或者熔化聚合物熔体包覆螺杆形成打滑现象。反之，如果温度过低，则切片在进入压缩段后也不能顺利熔融，从而堵塞在压缩段，也导致无法进料。

图5-4　进料口环节架桥

（3）一般而言，对于同一类聚合物，聚合物熔融温度和纺丝温度的设定与聚合物的相对分子质量直接相关。根据聚合物相对分子质量与其流动温度的关系，聚合物相对分子质量越高，聚合物熔体产生流动的温度相较于聚合物熔点温度偏离越大。一般，聚合物相对分子质量的高低由熔融指数（聚丙烯）、特性黏数（聚酯）和相对黏度（聚酰胺）进行表征。熔融指数越低、特性黏数和相对黏度越高，则代表聚合物的相对分子质量越大。此外，切片尺寸大小也影响熔融温度的设定，一般大尺寸的切片所需要的熔融温度都偏高。

（4）纺丝箱体主要负责对熔体、纺丝泵及纺丝组件的保温与输送、分配熔体到多个喷丝孔，其温度设定直接影响熔体纺丝程序，是纺丝工艺温度设定中的重要参数。一般熔体在纺丝箱体中的停留时间为1～1.5min。提高箱体温度利于纺丝成型，改善初生纤维的拉伸性能。因此，为了获得纤度较低的纤维，可以通过提高纺丝温度、降低计量泵转速，从而增加熔体细流的可拉伸性，获得细旦纤维（纤度/单丝根数在1.0～0.5dpf的纤维）。过高的箱体温度可能会导致聚合物熔体强度降低，反而恶化纺丝过程。

5.1.5.2　泵供量

泵供量的稳定性和精确性直接影响所纺纤维的线密度及其均匀性。一般熔融纺丝计量泵由独立的电动机带动，如图5-5所示，且泵供量与泵的转数、熔体黏度、泵的进出口熔体压力有关。当螺杆与纺丝泵之间的压力达到2MPa以上时，计量泵的输出量与计量泵转数呈直线关系；在计量泵转数一定时，泵供量为一恒定值，不随熔体压力而改变。需要注意的是，螺杆的挤出量随着挤出压力大小而改变。当螺杆的挤出量稍大于纺丝计量泵的输出量时，在计量泵前会产生一定的熔体压力，导致螺杆挤出量由于熔体逆流量的增加而相应下降，熔体压力随两者的差值大小而变化。此外，如果螺杆进料不稳定，也可能导致螺杆输出量的不稳定。因此，为确保泵供量的恒定，必须保持螺杆和计量泵间的熔体压力一定，可通过稳定螺杆转速和恒定的进料量而实现。

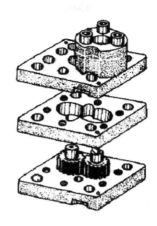

图5-5　计量泵由电动机带动

5.1.5.3　熔体过滤

由于喷丝孔的孔径小，如果熔体内含有杂质，或者添加组成中有粗大的不熔性物质（如凝胶或者无机物等），易使喷丝孔堵塞，产生注头丝、细丝、毛丝等问题，所以熔体在进入喷丝孔前需要先经过滤处理。工业上，过滤一般采用粗细不同的多层不锈钢丝网组合成为过滤介质，也可采用石英砂、Al_2O_3颗粒、金属网层的组合使用而实现。

5.1.5.4　冷却风

冷却风的主要目的是冷却熔体细流，防止纤维间的粘连。丝条冷却固化对纤维结构和性能有决定性的作用。适宜的冷却条件可以加强丝条周围空气的对流，使丝条内、外层冷却均匀，为采用多孔喷丝板创造了条件，利于提高纺丝速度。冷却风工艺条件包括风温、风湿和风速（风量）。

风温的选定与熔融纺丝聚合物的玻璃化温度、纺丝速度、产品线密度、给风方式有关。在较高的纺丝速度下，由于聚合物熔体细流与周围空气介质的热交换量增加，应加快丝条的冷却速度，冷却风温宜低。

一定湿度的空气可以防止丝束在纺丝过程（纺丝甬道）中由于纤维摩擦带电而出现丝束的抖动。空气湿度的提高可以提高介质的比热容和给热系数，有利于纺丝甬道温度恒定和丝条及时冷却。此外，湿度对初生纤维的结晶速率和回潮伸长率均有一定影响。

风速和风速分布直接决定了成丝的均匀性和稳定性。风速的分布形式包括均匀直线分布、弧形分布和S形分布。工业生产中，聚酯POY纤维采用单面侧吹风时，风温26～28℃，风湿70%～80%，风速0.3～0.6m/s，需要根据纤维粗细和纺丝速度调节。过高的风速将导致丝束的摆动、湍动，并使喷丝板处的气流形成涡流，直接导致纤维品质指标的不匀率上升。

5.1.5.5　纺丝（卷绕）速度

在常用的纺丝速度范围内，随着纺丝速度的提高，纺丝线上速度梯度增大，熔体细流冷却凝固速度加快，且丝束和冷却空气的摩擦阻力提高，导致卷绕丝承受更高的卷绕张力，聚合物分子链取向度提高，双折射率增加，纤维后续可拉伸倍数降低，增大的纤维内部残留应力也使初生纤维的沸水收缩率增大。工业上聚酯纤维的卷绕速度在5000m/min以上时，便可能得到接近于完全取向的纤维。

5.1.5.6 上油

为了增加丝束的集束性、抗静电性和平滑性，丝条需要进行上油处理，以满足后续加工的需要。高速纺丝对上油的均匀性要求高于常规纺丝。上油方式包括由计量泵控制挤出量的喷嘴上油和油轮转速控制上油量的油盘上油。一般油剂由多种组分复配而成，包括润滑剂、抗静电剂、集束剂、乳化剂等。对于PET的POY丝上油量为0.3%~0.4%。

5.1.5.7 纺丝环境温湿度

对于具有吸湿性的基团，如羟基、羧基、氨基等聚合物，在纺丝成型过程中为了获得稳定的初生纤维，需要控制环境的温湿度，从而减少水分与聚合物之间的相互作用导致所得纤维的稳定性和均匀性变差。

5.1.6 实验步骤

5.1.6.1 原料准备

准备洗机料和实验纤维原料（包括色母粒），每次实验用料500~1000g。色母粒用量根据添加量要求而定，一般为0.2%~2%（质量分数）。

5.1.6.2 喷丝板的检查及安装

每次纺丝实验前，需要确定所使用喷丝板的孔数及孔形。喷丝板（图5-6）的每个喷丝孔均无损伤和堵塞，可直接对光检测（图5-7），采用洁净压缩空气进行喷吹，或者用超声波清洗，干燥后再喷吹清理。

图5-6 喷丝板　　　　　　　　　　图5-7 对光检测喷丝孔是否通畅

5.1.6.3 设备预热

常用纺丝实验设备需要一个预热过程，达到设定的实验温度，并平衡一定时间后方可进行实验。从而保证整个实验过程输入输出稳定性控制。

设备预热开机程序如下：

（1）闭合墙面仪器总开关。

（2）打开主控电源、水源、气泵开关。

（3）将纺丝/非织造布功能开关调转置纺丝挡。

（4）打开主机电源开关。

（5）启动加热电源。

（6）打开仪表开关，设定试验温度参数。

（7）所有温度达到设定值后，仪器预热至少30min。

5.1.6.4 纺丝实验

（1）采用洗机料清洗螺杆，确保挤出料中不含有杂质。安装好卷绕纸筒，设定牵伸1辊、牵伸2辊、牵伸3辊的温度和速度参数。其中总的牵伸倍数R可由式（5-1）计算得到：

$$R = R_1 \times R_2 \tag{5-1}$$

式中：R_1为一级牵伸；R_2为二级牵伸，由牵伸3辊和牵伸2辊的线速度决定，$R_2 = V_3/V_2$，V_3为牵伸3辊的线速度。

$$R_1 = V_2/V_1$$

式中：V_1为牵伸1辊的线速度；V_2为牵伸2辊的线速度；由于两辊直径相等，因此可用转速代替。

（2）调节卷绕跟踪选择开关，如果仅进行一级牵伸，调节卷绕跟踪到2挡，如果实现二级牵伸，调节卷绕跟踪到3挡。

（3）从真空烘箱中取出实验原料，配比计量，充分混合原料和母粒后立即加入料筒中。注意：如果是易回潮原料每次加入量不得超过100g，且在加料的过程中切忌料斗与螺杆交汇处的螺杆裸露。

（4）打开变频工作开关，计量泵开关，调节计量泵到设定参数，打开牵伸各辊及卷绕开关，放开卷绕控制卡口，检查卷绕辊与摩擦辊接触状态，防止因辊间压力不足导致卷绕打滑。开启气枪准备辅助接收固化丝条（吸丝）。

（5）吸枪吸丝时的位置宜在丝条完全冷却点以下，收丝经过油嘴和导丝器后上牵伸辊1。一般丝条在牵伸辊上重复绕丝5~7圈后再进入下一道牵伸辊。注意在上丝时可通过经由导丝辊的次数调节丝条张力，避免丝条在牵伸辊上打滑。

（6）经过一级和二级牵伸后，牵伸丝导入卷绕装置，本实验卷绕采用摩擦辊带动卷绕辊并实现导丝分向目的。因此，在卷绕时切忌将吸枪头与卷绕摩擦辊面接触。

（7）当卷至目标丝样量后，停止卷绕，待摩擦辊停止后，提起卷绕辊压杆，使卷绕辊与摩擦辊分离，取下丝筒。注意不能用手接触丝样。

5.1.6.5 实验样品编号

按照实验时间、实验样品代号给每个卷绕丝筒编号，并放入样品袋中。

5.1.6.6 进行第二组实验

一般实验配方设定采用浓度由低到高、加工温度由低到高的顺序进行，在每批实验中途可采用500～1000g洗机料进行洗机，如果是仅改变浓度，可无须洗机，直接加入第二组配比样品切片，但取样时间需要大于同一计量泵转速下实验料从加料口到喷丝孔口处的熔体停留时间t。一般当计量泵的转速为6～15Hz时，t值范围为7～15min。

t值的计算方法：刚看到加料口螺杆时开始加入实验料，记录下时间t_0，当看到添加实验料熔体从喷丝孔口挤出的时间记为t_1，t值可由式（5-2）计算得到。

$$t=t_1-t_0 \tag{5-2}$$

5.1.6.7 洗机

每次实验后必须充分清洗螺杆和计量泵、喷丝头，以防残留物腐蚀螺杆、计量泵，同时需要拆下喷丝板，清理喷丝头残留熔体，并采用高温处理喷丝头组件和喷丝板（于420℃马弗炉中加热10～12h后取出，用铜刷清理喷丝板，注意铜刷不能刷喷丝板面，且加热时喷丝板面朝上），对喷丝板进行清水超声清洗后取出晾干，封袋保存。

5.1.6.8 关机

关机操作也需要按程序进行，否则将导致变频控制失调。关机程序如下：

（1）关闭计量泵开关。

（2）关闭变频器开关。

（3）关闭各仪器部分变频器开关。

（4）关闭变频器总开关。

（5）关闭仪表工作电源。

（6）关闭加热电源。

（7）关闭设备总电源。

（8）关闭水、气泵电源。

（9）关闭主控电源开关，打扫设备及实验室卫生。

（10）闭合墙面仪器总开关，防止漏电或控制仪表因雷击损坏。

5.1.7 实验数据处理

（1）纺丝实验温度_____℃，湿度_____%。记录聚丙烯熔融纺丝成型温度设定，填写表5-2。

表5-2 聚丙烯熔融纺丝成型温度设定

工段	机头（℃）	转换箱（℃）	螺杆（℃）			料斗下（℃）	牵伸1辊（℃）	牵伸2辊（℃）	牵伸3辊（℃）
			3区	2区	1区				
设定值									
实测值									

（2）计量泵转速对熔体挤出量的影响（最少3组实验）。记录计量泵转速对聚丙烯熔体挤出量的影响，填写表5-3。

表5-3　计量泵转速对聚丙烯熔体挤出量的影响

实验序号	计量泵转速（Hz）	熔体挤出量（g/min）	备注
1			
2			
3			
4			
5			

（3）纺丝工艺。记录聚丙烯熔融纺丝牵伸工艺设定，填写表5-4。

表5-4　聚丙烯熔融纺丝牵伸工艺

实验样品	计量泵转速（r/min）	牵伸辊速度（r/min）			卷绕速度（r/min）	螺杆转速（r/min）	熔体压力（MPa）	熔体停留时间t（min）
		1	2	3				
初生丝								
牵伸丝								
卷绕丝								

注　实际读数为Hz，其数值×11.3为实际的速度。

5.1.8　实验现象与结果分析

（1）聚丙烯熔融纺丝过程中，简述聚合物熔融及纺丝温度设定的依据。
（2）实验中聚丙烯熔融纺丝总拉伸倍数是多少？
（3）分析计量泵转速与熔体挤出量的关系。
（4）如何实现稳定的熔融纺丝成型？

5.1.9　思考题

（1）POY、DTY、FDY各代表什么？它们有何区别？
（2）纺丝成型中丝条拉伸的目的是什么？对纤维的超分子结构和机械性能有什么影响？
（3）热定型的作用是什么？
（4）熔融纺丝适用于哪些聚合物，其成型温度设定的范围是多少？

5.1.10　注意事项

（1）开关顺序不能随意改变，一定要严格按要求执行。
（2）每次加料不能太多，以防切片在料斗处相邻的螺杆高温导致原料表面软化黏结造成堵塞。

（3）纺丝开始和纺丝结束后需采用聚丙烯洗机。

（4）纺丝结束还需清洁纺丝机牵伸、卷绕及上油油嘴等部件。

5.2 纤维微观形貌观察

5.2.1 概述

纤维的截面依不同的纤维而定，一般天然纤维的截面均不规整，包括近似圆形、三角形、中空管状等。再生纤维由于脱溶剂过程一般都表现出非圆形截面，且具有皮芯结构。合成纤维的截面最初均以圆形为特征，随着仿生纤维的推出和功能纤维的开发，纤维截面出现了丰富的变化。

纤维截面结构对纤维的性能产生一定的影响，如三叶形、三角形截面的纤维具有蚕丝般的光泽，中空纤维具有轻、保暖特性，三叶形、四叶形截面纤维通常具有毛细管吸收的性能。典型纤维截面及其性能特点如下：三角形，真丝般的光泽和优良的手感；四叶形，吸湿排汗；中空，轻、保暖；中空三角形，调和的色调和身骨；星形，柔和的光泽，干燥的触感，较好的吸水性；U形，柔和的光泽，干燥的触感，有身骨；W形，螺旋卷曲，似毛的蓬松感、粗糙感、干爽感；箭形，干燥的触感，自然的表面感，滑溜的凉爽感；三山形扁平截面，丝绒般的深色感，蓬松而有身骨；一字形（矩形），手感柔中带刚、结构色。

常见纤维截面如图5-8所示。

(a) 异形聚酯纤维（十字形、三叶形、C形和多边形）

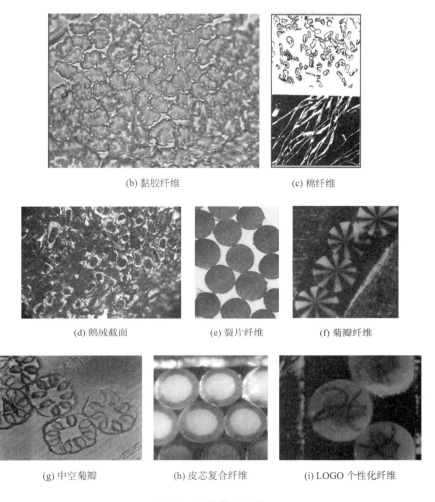

(b) 黏胶纤维　　　　　　　　　(c) 棉纤维

(d) 鹅绒截面　　　　　(e) 裂片纤维　　　　　(f) 菊瓣纤维

(g) 中空菊瓣　　　　　(h) 皮芯复合纤维　　　　(i) LOGO 个性化纤维

图5-8　纤维截面照片

复合纺丝技术为纤维截面形状的个性化提供了更多可能，在单组分纤维截面结构的基础上，通过引入第二或者第三组分，而呈现出更具特色的截面风格，甚至出现"画作"。

5.2.2　实验目的

（1）学习掌握应用哈氏切片器制作纤维切片的技能。

（2）熟悉各主要品种纤维的横截面形状。

5.2.3　实验原理

纤维切片和显微观察在化学纤维产品控制和分析中是一项被广泛采用的简便实验技术，也是纤维鉴别的一种重要的方法。

纤维切片是从横向将纤维切成厚度小于或等于其直径的平整薄片。所得薄片借助普通光学显微镜（光学透射显微镜或者金相显微镜），就可以直接观察纤维的横截面形状、皮芯结构和直径匀整情况等横向形态结构，由此对纤维的异形度、中空度、复合度、皮层厚度、直径不匀等进行表征和计算。

采用专用切片器获得薄的纤维截面，并采用光学显微镜观察，通过专用图像处理软件计算纤维截面相关参数，从而获得纤维截面相关数据信息。

5.2.4　实验原料及实验设备

5.2.4.1　实验原料

实验采用5%火棉胶液30mL。

5.2.4.2　实验设备

YI72型哈氏切片器1套，偏光金相/透射光学显微镜一套，不锈钢尖头镊子与剪刀各一把，双面或者单面刀片若干、载玻片、盖玻片若干。

YI72型哈氏切片器结构如图5-9所示，主要由两块不锈钢板组成，不锈钢板1的一边有凸舌，不锈钢板2的对应边上有凹口，两块不锈钢板借其两边的导槽8啮合在一起，由于凸舌长度短于凹口的深度，当两板啮合时，凸舌和凹口之间留有一长方形空隙（凹槽），纤维样品就置于此空隙中。在空隙的正上方有小推杆5，它由精密螺丝4控制。在安放纤维时，整个推杆装置可以转向一边。

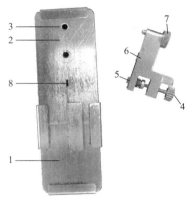

图5-9　哈氏切片器
1，2—不锈钢板　3—螺座
4—精密螺丝　5—推杆　6—固定螺丝
7—定位螺丝　8—导槽

5.2.5　工艺设定对制品性能的影响

纤维切片制备效果的好坏直接决定了纤维截面观察的效果。过厚的切片由于光不能有效穿透而出现视野不清晰，而非平整的截面切口导致截面出现切痕、人为破损等。因此在制备切片时，应严格按照每次只能旋转紧密螺丝1.5～3格的要求执行，且刀片的每个切割点使用不超过两次。

5.2.6　实验步骤

纤维采用手工切法制备纤维样品。

（1）把哈氏切片器的精密螺丝4旋松，使推杆从凹槽中退出，再旋松固定螺丝6，将螺座3转到与凹槽呈垂直的位置（或者取下），抽出不锈钢板1。

（2）取适量纤维束，顺直后嵌入不锈钢板2的凹槽之中，再把不锈钢板1插入并压紧纤维。纤维数量以轻拉纤维束时不易移动为宜。对某些细而软的纤维，理顺后可先在5%火棉胶液体中浸润半分钟，取出拉直，待纤维上火棉胶液干后再嵌装入不锈钢板2的凹槽中，插装好不锈钢板1；或者先将纤维束放入板不锈钢2的凹槽中，插装好不锈钢板1，在待切割面的纤维束中滴加适量5%火棉胶液体，待固化后备用。

（3）用锋利刀片切去露在不锈钢板正、反两面的纤维。

（4）把螺座3旋回工作位置，将推杆对准凹槽中的纤维束，拧紧固定螺丝6，调节定位螺丝7，使之松紧合适。

（5）旋转精密螺丝4，使推杆向下移动而把纤维束稍稍顶出板面，在露出板面的纤维上涂一薄层火棉胶液。待其凝固后用刀片沿板面切下第一片纤维切片，弃去该切片。

（6）重复上述操作一次，获得一片纤维切片。每切一片，精密螺丝4需转过1.5~3格，以获得厚度均匀的切片。

把切得的纤维切片转移到载玻片上，放在显微镜载物台上观察，若切片中纤维截面清晰而且不变形，则符合要求；若切片不符合要求，则应重切。

5.2.7　实验现象与结果分析

（1）纤维截面及表面形貌：观察纤维截面及侧面形貌，并拍照。

（2）纤维直径测量：测试10个纤维截面直径，并计算平均值和标准偏差。

5.2.8　思考题

影响纤维显微观察所用切片质量的主要因素是什么？

5.2.9　注意事项

（1）哈氏切片器用完后，需将静默螺丝旋转至放松状态。

（2）显微镜的灯光不宜太强，不能长期处于高亮度状态，以免灯泡因过热而烧毁。

参考文献

［1］董纪震，罗鸿烈，王庆瑞，等．合成纤维生产工艺学（上册）［M］．2版．北京：中国纺织出版社，1993.

［2］HUFENUS R，YAN Y，DAUNER M，et al. Melt-Spun Fibers for Textile Applications［J］. Materials，2020，13（19）：4298.

［3］李光．高分子材料加工工艺学［M］．3版．北京：中国纺织出版社，2020.

［4］赵书经．纺织材料实验教程［M］．北京：中国纺织出版社，1989.

［5］国家标准化管理委员会．GB/T 36422—2018 化学纤维　微观形貌及直径的测定　扫描电镜法［S］．北京：中国标准出版社，2016.

第6章 3D打印技术原理与工程实践

6.1 概述

3D打印又称增材制造（additive manufacturing，AM）技术，是一种快速成型技术，借助于类似打印机的数字化制造设备，通过对数字化模型进行分层处理，利用材料不断叠加形成所需的实体模型。在"中国制造2025"的大背景下，面对激烈的市场竞争环境，如何提高自身实力，屹立于世界"智能制造"之巅，成为当前3D打印行业研究的热点课题之一。

相比于传统制造工艺对材料处理方式为"减法"的观念，3D打印对材料的处理方式为"加法"，是一种通过分层材料"自下而上"叠加的制造工艺，从而减少材料浪费，节约成本，提高生产效率。3D打印涉及各种技术、材料和设备，而技术作为3D打印发展过程中最重要的影响因素之一，是3D打印的核心。

3D打印技术的分类目前没有形成统一标准，按照成型技术原理可划分为熔融沉积成型技术（fused deposition modeling，FDM）、选择性激光烧结技术（selective laser sintering，SLS）、分层实体制造技术（laminated object manufacturing，LOM）、立体光固化技术（stereo lithography appearance，SLA）、三维打印粘接成型技术（three dimensional printing and gluing，3DP）、数字光处理技术（digital light processing，DLP）、多头喷射技术（ploy jet）、选择性激光熔化技术（selective laser melting，SLM）、直接金属激光烧结（direct metal laser sintering，DMLS）、电子束熔炼技术（electron beam melting，EBM）等，见表6-1。

表6-1　3D打印技术的分类

成型材料	成型方式名称	3D打印成型技术
热塑性塑料	熔融挤压成型技术	FDM熔融挤压成型技术
纸、金属膜、塑料薄膜	分层直接成型技术	LOM分层实体制造技术
石膏、陶瓷粉末	粉末黏结成型技术	3DP三维打印黏结成型技术
液体光敏树脂	光聚合成型技术	SLA立体光固化技术、DLP数字光处理技术、Ploy Jet多头喷射技术
金属、合金、热塑性塑料、陶瓷等粉末	激光粉末成型技术	SLS选择性激光烧结技术、DMLS直接金属激光烧结技术、SLM选择性激光熔化成型技术、EBM电子束熔炼技术

　　3D打印技术是一种交叉和融合了包括计算机技术、机械工程、材料科学、生物科学以及数控技术等多学科的新型制造技术，在机械制造、生物医疗、海洋、航空、建筑等行业中得到了广泛应用。因此，3D打印技术的发展不应是一种单一设备的更新换代，而应该更加注重与加工对象间的契合度，能够根据不同的材料及功能需求进行技术改进，同时也要提高打印过程的速度和精度，实现与传统产业的紧密结合。

　　3D打印技术的核心是材料，新材料的出现推动着3D打印技术的发展。以工程塑料为代表的高分子材料具有良好的热塑性和热流动性以及快速冷却粘接性好等优点，并且可以在一定条件（如光照）下快速固化（如光敏树脂），因此在增材制造市场得到广泛应用和快速发展，已成为最成熟的打印材料之一，用量占比超过80%。其中工程塑料应用范围最广，用量占比超过总量的50%。

　　另外，目前市场主要应用的传统3D打印材料大多为不可降解的工程塑料。如何提高3D打印的环保效益，实现绿色打印制造，也是未来发展需要考虑的重要课题。

　　虽然国内3D打印技术不断发展，行业规模不断扩大，但专门研究相关技术的人才短缺难题始终困扰着增材制造产业的发展。据统计，我国3D打印技术人才的缺口高达千万，尤其是研究3D打印材料、设备和工艺的技术型人才严重匮乏，无法向企业输送研究人员。由于缺乏教学平台，加上师资力量薄弱，各大高校科研机构几乎没有专门开设有关3D打印材料技术的相关课程，缺乏合理的人才培养机制。

　　因此，有必要加强3D打印技术人才培养平台与师资队伍建设。加大投资力度，鼓励有条件的高校开设与3D打印材料基础理论、材料制备与成型技术相关的学科，设立3D打印材料创新研发实验室，着力培养优秀的师资团队。高校也应积极开展3D打印技术实践课程，不断探索和寻找该技术与不同专业的结合点，将学生所学专业与3D打印技术相结合，利用3D打印技术的优越性帮助学生更好地掌握专业知识，使学生在设计过程中激发创新思维，在实践过程中锻炼动手能力，并对他们今后的专业技能和职业发展产生深远的影响。

6.2　实验目的

　　（1）学习使用熔融沉积制造（FDM）工艺对热塑性高分子材料进行3D打印的基本原理。

　　（2）了解FDM型3D打印机的结构组成及分类。

　　（3）了解常用FDM打印线材的种类和特性。

　　（4）了解常用的三维建模软件SolidWorks、打印软件Cura的使用方法。

　　（5）利用高分子线材和FDM型3D打印机打印出三维模型制品，研究打印机的参数设定与打印质量之间的关系。

6.3 实验原理

6.3.1 FDM型3D打印工艺的基本原理

FDM工艺，即熔融沉积制造工艺，由美国学者斯科特·克伦普（Scott Crump）于1988年研制成功。FDM的材料一般是热塑性材料，如蜡、ABS、PC、PLA、尼龙等，以丝状供料。材料在喷头内被加热熔化，喷头沿工件截面轮廓和填充轨迹作x—y平面运动，同时将熔化的材料挤出，材料迅速凝固，并与周围的材料凝结在一起。一层成型后，喷头上移（或平台下移）一层高度，进行下一层涂覆，这样逐层堆积形成三维工件。层片是层层堆积而成的，上一层对当前层起到定位和支撑的作用。随着高度的增加，层片轮廓的面积和形状都会发生变化，当形状发生较大的变化时，上层轮廓就不能给当前层提供充分的定位和支撑作用，这就需要设计一些辅助结构——支撑，为后续层提供定位和支撑，以保证成型过程的顺利进行（图6-1）。图6-2为FDM型3D打印工艺的流程图。

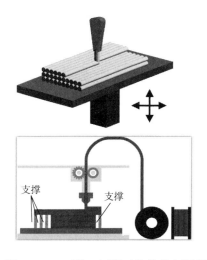

图6-1 FDM型3D打印工艺的基本原理

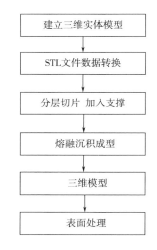

图6-2 FDM型3D打印工艺流程图

6.3.2 FDM型3D打印工艺的优缺点

6.3.2.1 优点

（1）与传统的机械加工或模具制造相比，FDM型3D打印工艺可以从计算机图形数据中生成任何形状的物体，从而极大地缩短产品的研制周期，提高生产率和降低生产成本。

（2）热融挤压头系统构造和操作简单，维护成本低，系统运行安全。

（3）工程材料，如ABS、PC、聚苯砜（PPSF）等的抗化学与耐高温以及耐冲击特性优异，适用于开发功能性原型工件。

（4）工程塑料ABS、尼龙等韧性很好，可以进行二次加工处理，如装配螺丝、钻孔抛光、喷漆电镀等。

（5）用蜡成型的零件原型可以直接用于熔模铸造。

（6）可以成型任意复杂程度的零件，常用于成型具有很复杂的内腔、孔等零件。

（7）原材料在成型过程中无化学变化，制件的翘曲变形小，适合装配件设计。

（8）原材料利用率高，且材料寿命长。

6.3.2.2 缺点

（1）成型件的表面有较明显的条纹，较粗糙，不适合高精度精细小零件的应用。

（2）沿成型轴垂直方向的强度比较弱。

（3）需要设计与制作支撑结构。

（4）需要对整个截面进行扫描涂覆，成型时间较长。

（5）"支撑"的去除相对麻烦。但对于双头打印系统，可以使用水溶性支撑材料打印支撑结构，后处理相对较为简单。

6.4 实验设备

6.4.1 FDM型3D打印机的结构组成及分类

FDM型3D打印机的基本结构大致分为：机器框架、X、Y、Z方向运动单元、喷头热床加热单元、送料单元和打印控制单元。其中，X、Y、Z方向运动单元和送料单元主要使用步进电动机、丝杆、齿轮、同步带、送料导管和挤出头等实现相关功能；加热单元主要由加热棒或加热板、热电偶或热敏电阻测温元件组成；打印控制单元则主要由基于Arduino Mega 2560的主控板和各类IO数据线组成，主控板的Marlin固件程序可通过USB接口或SD卡进行烧录。图6-3为一款市售的基于Arduino Mega 2560的主控板结构。

目前市场上主要存在四种结构的FDM型3D打印机。

6.4.1.1 i3结构（图6-4）

（1）优点：框架相对比较简单，节省材料，价格便宜，适合初级入门；近程送丝，可以打印柔性耗材。

（2）缺点：Y方向为平台移动方向，打印时惯性大，会加快同步带磨损，打印较快时，无法保证打印精度；Z方向双丝杆带动挤出头上下移动，长时间打印后，会出现两边不平齐的情况，影响打印效果；机器占地面积大，平台是Y方向移动，所需面积比较大；为了压缩成本，开关电源外置，可能会带来安全隐患；喷头模块使用单风道，只能吹到模型的一侧，另一侧无法及时冷却，影响打印质量。

6.4.1.2 MB结构（makerbot）（图6-5）

（1）优点：四方的结构，外框架稳定；Z轴由两根光轴固定，平台运动时稳定性好，震

图6-3 一款基于Arduino Mega 2560的主控板结构

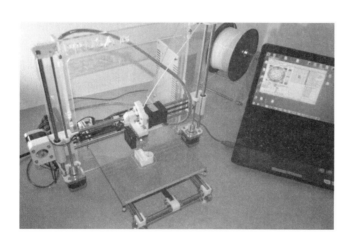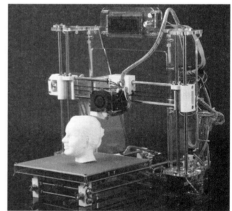

图6-4 i3结构的FDM型3D打印机

动小，打印精度得到保证；近程送丝，可以打印柔性耗材。

（2）缺点：由于挤出头的原因导致机器内部空间利用率较低；由于挤出头的设计问题导致无法快速散热，散热效率不高，容易堵头；喷头模块使用单风道，只能吹到模型的一侧，另一侧无法及时冷却，影响打印质量。

6.4.1.3 UM结构（ultimaker）（图6-6）

（1）优点：机器内部空间利用率高，在四种结构中，UM结构的内部空间利用率是最高

图6-5 MB结构的FDM型3D打印机

图6-6 UM结构的FDM型3D打印机

的；远程送丝，喷头重量轻，打印速度快；喷头由两根光轴固定，十字轴，打印稳定，保证了打印精度；Z轴由两根光轴固定，平台运动时稳定性好，震动小，打印精度有保证；双风道，打印时模型冷却速度更快。

（2）缺点：因为远程送丝，换料比较麻烦，如果打印时频繁回抽，气动接头容易损坏；控制喷头移动的X、Y轴及十字轴装配比较困难。

6.4.1.4 并联臂结构（Delta结构或三角洲结构）（图6-7）

（1）优点：占地面积小，框架简单，使用铝型材DIY时，框架大小方便定制；喷头移动灵活，打印时设置回抽抬升喷头可有效减少拉丝；远程送丝，使用E3D喷头，重量轻，打印速度比较快；E3D的挤出头，散热性能好，不易堵头。

（2）缺点：内部空间利用率低；调平困难，由于平台是固定的，如果没有自动调平，那么只能通过软件或者手动调整X、Y、Z方向的偏置参数来调平，非常麻烦；远程送丝，如果打印时频繁回抽，气动接头容易损坏。

6.4.2 实验设备技术参数

（1）计算机：用于数学建模、模型切片、文件存取和打印机控制。

（2）FDM型3D打印机（Ultibot-250A）：用于三维快速成型（3D打印）。

（3）常用工具：千分尺、尖嘴钳、铲刀、螺丝批等。

其中，Ultibot-250A型打印机（图6-8）及其技术参数见表6-2。

图6-7 并联臂结构的FDM型3D打印机

图6-8 Ultibot-250A型3D打印机及其技术参数

表6-2 打印机基本参数

打印参数		机器参数	
打印尺寸	250mm × 250mm × 250mm	机器型号	Ultibot-250A
层厚度	0.05 ~ 0.4mm	机器尺寸	430mm × 430mm × 520mm
喷嘴直径	0.4mm	机器重量	20kg
实物误差	<0.3mm	机器颜色	银色
打印速度	1 ~ 200mm/s	输入电压	220V
喷头数量	单喷头	步进电动机	XYZ42步48mm步进电动机，最大电流1.7
定位精度	Z轴0.0025mm X、Y轴0.011mm	最高功率	200W
控制器	Atmega2560R3微控制器	主控板	引领三维独家自主研发稳定主板
输出电源	专用电源开关24V/16A		
耗材参数		软件参数	
耗材类型	PLA、ABS、HIPS、PC、PETG、PA、PVA、POM、蜡丝、软性材料等	切片软件	CURA中文版
耗材直径	1.75mm	文件格式	STL、GCode、obj、dae;amf、g、BMP、jpeg、jpg、png
耗材颜色	多色自选	操作系统	WINDOWS LINUX MACOSX
单喷头		打印方式	USB或SD卡

6.4.3　三维建模软件——SolidWorks软件

三维设计软件有很多种，不同行业有不同的软件，各种三维软件各有所长，可根据工作需要选择。比较流行的三维软件，如SolidWorks、Rhino（Rhinoceros犀牛）、Maya、3ds Max、Softimage/XSI、Lightwave 3D、Cinema 4D、PRO-E等。目前使用较多的是SolidWorks软件。SolidWorks的设计思路十分清晰，设计理念容易理解，模型采用参数化驱动，用数值参数和几何约束来控制三维几何体建模过程，生成三维零件和装配体模型；再根据工程实际需要做出不同的二维视图和各种标注，完成零件工程图和装配工程图。从几何体模型直至工程图的全部设计环节，可以实现全方位的实时编辑修改，能够应对频繁的设计变更。图6-9为使用SolidWorks软件设计的三维模型。为满足3D打印软件的格式要求，三维模型文件一般保存为STL格式。

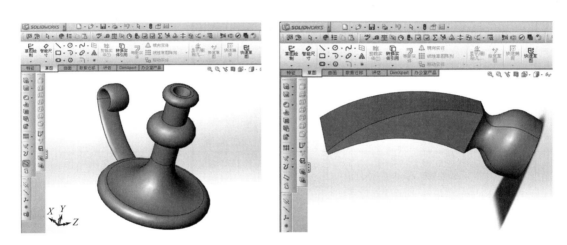

图6-9　使用SolidWorks软件设计的三维模型

6.4.4　三维切片软件——Cura软件

Cura是一款非常好用的3D打印切片软件，是由开源桌面3D打印机Ultimaker领导开发，是以"高度整合性"以及"容易使用"为目标而设计的。Cura软件包含了所有3D打印需要的功能，有模型切片以及打印机控制两大部分。它是目前所有3D打印模型软件切片最快的上位机软件之一，而且软件的操作界面简单明了，对每个参数都提供了详尽的提示，非常容易上手。Cura打印软件的使用方法如下。

6.4.4.1　加载打印文件

进入Cura主界面（图6-10），导入三维模型（STL格式文件）。导入后右侧会出现一个模型实体。

6.4.4.2　打印参数设定

（1）基本参数设定见表6-3。

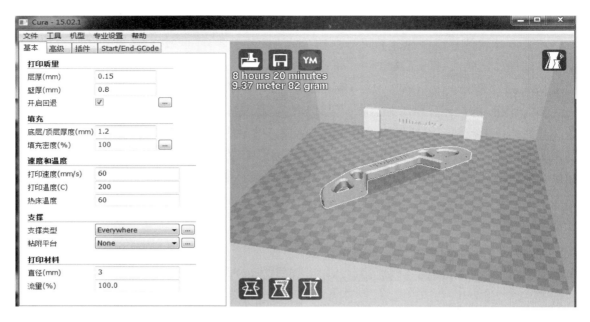

图6-10　Cura软件中导入三维模型

表6-3　打印机基本参数设定及解释

质量 qualtiy	层厚（mm） layer height	层厚：是指每一层打印的高度。这个参数比较重要，直接影响打印的质量，一般要求表面光滑些，可设置为0.1甚至0.05，要求一般可以设置为0.15、0.2、0.3。层厚越大，精度越低
	壁厚（mm） shell thickness	壁厚：横向外壳的厚度，这个参数和喷嘴的大小一起使用，参数是0.4的倍数。参数一般设为0.4、0.8、1.2。壁厚越厚，强度越高
	开启回抽 enable retraction	开启回抽：当打印头滑行过非打印区域时回抽一部分材料可避免拉丝，相应的参数设置在advanced界面里的retraction选项里
填充 fill	底层/顶层厚度（mm） bottom/top thickness	是指底层和顶层实心填充的厚度，这个参数最好是层高的整数倍。参数一般可设为0.6、1、1.2。底层和顶层的厚度越厚，封底质量越好
	填充率（%） fill density	想要打印坚固的实心体就选100，空心的选0，一般来说20~30就已经很坚固了。正常设置参数：0、20、100
打印速度和温度 speed and temperature	打印速度（mm/s） print speed	性能好的机器打印速度可以达到150mm/s，但想要确保质量请使用较低的打印速度，建议不超过70mm/s，理想的打印速度为40~60mm/s。正常参数设为60
	打印温度（℃） printing temperature	打印温度和所打印的材料有关。实验使用PLA+，故参数设为200

支撑 support	支撑类型 support type	不使用支撑 none	不使用支撑
		外支撑 touching buildplate	用于创建与平台接触的支撑结构
		全支撑 everywhere	用于那些物体内部也需要创建支撑的支撑结构，它是最常用的支撑
	平台附着类型 platform adhesion type	无附着 none	不选择附着类型
		边缘附着 brim	在打印物体的底层周边打印一层很宽的范围用于增加物体的附着力，或者防止翘边
		垫层附着 raft	在打印物体的底下打印一个网格的垫层用于减小附着力。通常打印物体比较大时使用比较多，便于取出打印物体，是常用的类型
材料 filament	直径（mm） Diameter		材料直径：参数设为3
	密度（%）		材料密度：参数默认设为100

（2）高级参数设定见表6-4。

表6-4 具体参数解释及设置

机型Machine	喷嘴直径（mm） nozzle	喷嘴直径：标准配置为0.4，一般不需要更改
回退 retraction	回退速度（mm/s） speed	回退速度：回退速度不需要太高，太高有可能会出现卡料。一般参数设为40
	回退长度（mm） distance	回退长度：回退太少会有拉丝现象，太多可能会出现卡料现象，因为如果退到上面非加热段，材料可能会凝结而无法再进去，理想的回退长度是4~5mm。建议参数设为：LZ-P180/250/350（远端送料）设为5；LZ-P400/500/800机型（近端送料）设为2
打印质量 quality	初始层厚度（mm） initial layer thickness	初始层厚度：较厚的初始层能使底层和平台黏得更牢固。建议参数设为0.3
	初始层线宽（%）	默认值：100
	底层切除（mm） cut off object bottom	模型下沉：让物体下沉在平台中，通常在那些物体底面不平或者接触面比较小的物体上
	双喷头叠加量（mm） dual extrusionoverlap	双喷头叠加量：双喷头交替打印时，一定的叠加量会使两种颜色混合得更好

速度 speed	滑行速度（mm/s） travel speed	不打印时的移动速度。一般不需要设置太高，理想的速度为100mm/s，太高的滑行速度有可能会撞坏打印物体，特别是比较细小的物体。建议参数设为100
	底层速度（mm/s） bottom layer speed	一般设置为20～40mm/s的较低速度来确保物体能可靠地黏在平台上。建议参数设为40
	内部填充打印速度（mm/s） infill speed	内部填充不影响表面打印效果，需要缩短打印时间可以适当地提高内部填充打印速度。建议参数设为0
	底部和底部实心层的 打印速度（mm/s） top/bottom speed	为了封顶效果更好，建议参数设为40
	外壳速度（mm/s）	为了保证表面光滑度，建议参数设为40
	内壁速度（mm/s）	0表示和打印速度一样。一般参数设为0
冷却 cool	每层最小打印时间（s） minimal layer time	每层打印的最小时间，确保每层都有足够的时间冷却。如果打印得太快，打印机会自动降下到这个值来保证冷却。固定参数设为5
	开启冷却风扇 enable cooling fan	启动冷却风扇能打印出更好的表面效果。默认开启

（3）专业设置。部分常用参数解释如下，其余默认（图6-11）。

图6-11　Cura软件的专业设置参数

① 支撑类型：使用线型lines，更容易去除支撑。

② 支撑临界角：默认设为60°，即悬空超过60°就会建立支撑材料。根据需求，可设为20°、40°、70°等。

③ Z轴距离：固定设为0.1，更方便去除支撑。

④ Brim边缘线圈和Raft额外边缘：是为了加大受力面积，增加模型与平台的黏附力；一般参数设为5、10、15、20、25。

（4）模型摆放调整。Cura软件的模型摆放与调整如图6-12所示。

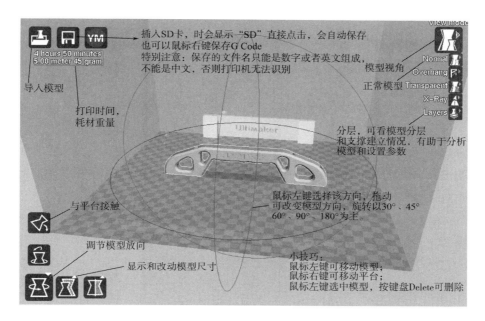

图6-12　Cura软件的模型摆放与调整

（5）保存打印文件。

（6）将三维模型经Cura切片处理，生成***·gcode格式的打印文件拷贝到SD卡，即可上机打印。

特别提醒：保存的gcode文件名只能由英文或数字组成，不能包含中文，否则打印机无法识别。

6.5　工艺设定对制品性能的影响

6.5.1　切片厚度

（1）喷头孔径为0.4mm，因此切片厚度不应大于0.4mm，否则会影响层间粘接，出现层间剥离、层间错位等问题。

（2）切片厚度越小，层间粘接越好，侧面平整度越高，但切片数量和打印时间会显著增加，综合考虑，切片厚度应控制在0.1～0.4mm，常设定为0.2mm或0.3mm。

6.5.2　喷头温度

（1）喷头温度应不低于打印材料的熔融温度（T_m），过低时熔融黏度过大，挤出困难，层间粘接较差，过高时熔融黏度较小，打印层不能及时冷却，容易出现拉丝、坍塌等问题。

（2）对于PLA线材来说，喷头温度应控制在180～220℃，常设定为180℃或190℃。

6.5.3　热床温度

（1）对于T_m较高的ABS或尼龙等打印材料，热床温度过低时，首层与热床板不易黏附，出现翘曲、剥离等问题。

（2）热床温度过高时，会导致预热时间过长，甚至由于达不到预热温度而无法进入打印阶段。

（3）对线材PLA来说，热床温度应设定为25～60℃。

6.5.4　打印速度

（1）打印速度的最大值受X、Y轴运动单元的移动速度极限和打印材料的挤出速度极限的综合影响。

（2）打印速度越快，每层的打印时间就越短，但打印精度会受到影响，容易出现变形、拉丝、层间剥离等问题。

（3）打印速度越慢，打印精度越好，但打印时间会大幅延长。

6.5.5　风扇速度

（1）风扇用于对刚挤出的打印层进行即时冷却，防止出现拉丝、变形或坍塌等问题。

（2）风扇速度应可控，譬如在打印前几层时关闭风扇，有利于首层与热床板的粘接，打印后面层时启动风扇进行冷却，风扇速度可与打印速度同步加快，有利于提高打印精度。

6.5.6　支撑结构

（1）对于有较大倾斜面或悬空结构的三维模型，应考虑添加支撑结构。

（2）如无支撑结构，打印时可能会出现拉丝、变形、塌陷或层间剥离等问题。

（3）设计支撑结构时力求做到结构简单易于拆除、不显著影响支撑面、节省耗材等。

6.5.7　填充结构

（1）模型内部的填充结构和填充密度会影响打印速度和打印件的力学强度。

（2）填充结构包括不同角度的方格填充、直线填充、蜂窝填充等，如要求不高，常采用直线填充。

（3）填充密度较大时打印件的力学强度高，但打印时间较长，反之亦然；常规的设计原则为底层和顶层为100%填充，中间层为20%~80%填充。

6.5.8　模型摆放

（1）为便于观察和拆除，模型的摆放位置应尽量位于打印区域中心。

（2）模型的摆放方式应综合考虑打印难度、是否需要支撑、打印时间和打印件的力学性能等因素。

6.6　实验原料

6.6.1　FDM型3D打印线材的种类及特性

FDM型3D打印工艺对成型材料的基本要求包括：熔融温度低，方便加热；黏度低、粘接性好，有利于材料顺利挤出，提高成型精度；收缩率小，确保成型制品的质量；加工温度下化学性质稳定，不产生毒气和化学污染，可用于办公环境。

根据以上要求，目前可用来制作FDM打印线材的高分子材料主要有工程塑料（ABS、PLA和尼龙等）、柔性材料（TPE、TPU）、金属质感材料（PLA或ABS与金属粉末混合材料）、碳纤维材料（工程塑料/碳纤维混合材料）、夜光材料（工程塑料中添加荧光剂）和铸蜡等。其中，ABS和PLA最为常用。图6-13为市售的FDM型3D打印线材及其打印的模型制品。

图6-13　市售的FDM型3D打印线材及打印的模型制品

6.6.1.1　ABS

ABS是目前产量最大、应用最广泛的聚合物之一，是丙烯腈（A）、丁二烯（B）和苯乙烯（S）的三元共聚物，在较宽广的温度范围内具有较高的冲击强度和表面硬度，综合性能优良。ABS具有价格便宜、经久耐用、稍有弹性、质量轻、容易挤出等特点,非常适合用于3D打印。目前,乐高玩具使用的就是这种材料。市场销售的ABS打印耗材以线径1.75mm居多。

ABS的缺点包括:其熔点比PLA(180℃)更高,通常为210~250℃;打印时须对平台进行加热,目的是防止打印第一层时冷却太快,避免翘曲和收缩;另外,ABS在打印过程中有毒物质的释放量远高于PLA,因此打印机须放置在通风良好的区域,或采用封闭机箱并配备空气净化装置。

6.6.1.2 PLA

聚乳酸(polyactic acid,PLA)是一种可生物降解的热塑性塑料,来源于可再生资源,如玉米、甜菜、木薯和甘蔗,因此基于PLA的3D打印材料比其他塑料材料更环保,被称为"绿色塑料"。除了环保特性,PLA还拥有良好的光泽性和透明度,几乎与聚苯乙烯薄膜相当。PLA还具有良好的抗拉强度和延展性,可以用各种普通加工方式生产。

与不结晶的ABS相比,PLA是晶体,具有较低的加工温度(190~220℃)和熔体强度,打印模型更容易塑型,表面光泽优异,色彩鲜丽;PLA具有较低的收缩率,可以在没有加热床的情况下打印大型工件模型而不会翘边。市场出售的PLA打印耗材主要有1.75mm和3.00mm两种规格。

PLA的最大缺点是强度不如ABS,打印的模型多用于展示而不适合使用;其次是PLA在熔融温度附近存在相变,会吸收喷头的热量,容易造成喷嘴堵塞。

6.6.1.3 PA

聚酰胺(polyamide,PA)俗称尼龙(nylon),是分子主链上含有重复酰胺基团的热塑性树脂的总称。PA的种类繁多,包括PA6、PA66、PA12、PA46、PA610、PA612、PA1010、PA1313等。

尼龙具有优良的韧性、自润滑性、耐磨性、耐化学性、气体透过性、无毒、容易着色等优点,在工业上得到广泛应用。然而,尼龙的吸水性较大,潮湿的尼龙在成型时黏度急剧下降并混有气泡,导致机械强度下降,因此加工前尼龙材料必须干燥。除了透明尼龙外,大部分尼龙材料都为结晶高聚物,打印成型温度一般为230~280 ℃,收缩率较大(PA6的收缩率为0.8%~2.5%),容易导致尼龙材料难以黏附在底板上,打印制品也容易翘曲。

为了降低尼龙材料的收缩率,改善打印制品的质量和精度,可以采取以下措施:

(1)采用高精度打印机。

(2)底板均匀加热至100℃左右,使用多孔板,并在多孔板上喷胶。

(3)模型切片时设置底部基托,一般有brim和raft两种模式。

(4)采用玻纤或其他填料增强尼龙,可使收缩率降低至0.1%~0.3%(50%玻纤增强PA6)。

6.6.2 实验使用的打印线材

打印材料PLA(标称线径:1.75mm)。

6.7　实验步骤

6.7.1　开机及平台调平

（1）接通电源，开机。打印机的LED灯亮、显示屏亮，如图6-14所示。

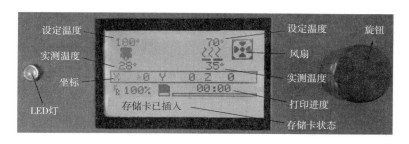

图6-14　打印机显示屏的待机画面及参数说明

（2）按下右旋钮，依次选择【准备】→【回原点】并确定，机器自动归零（图6-15）。

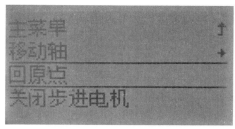

图6-15　打印机自动归零的操作过程

（3）归零后，按下旋钮，依次选定【准备】→【移动轴】→【移动X或Y】→【移动10mm】并确定，如图6-16所示。

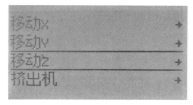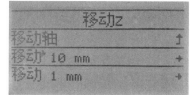

图6-16　打印机自动归零的操作过程

通过旋转按钮，多次移动喷头，并不断调节平台底下的调平螺丝，让喷头在四角与平台保持一张白纸厚度的距离，即视为初步完成平台调平。

打印第一层时喷头会在打印物体的周边走一圈，此时注意观察喷头在走动时跟平台的间距是否合适，可以微调平台，边打边调，甚至可以重新打印并多调一次。

6.7.2　上料和换料

6.7.2.1　上料

（1）远程送丝。UM结构的3D打印机采用远程送丝，即送丝装置（挤出机）安装在机架背后，如图6-17所示。

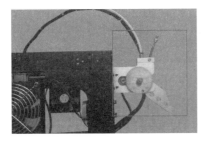

图6-17　打印机的远程送丝装置和喷头结构

① 首先按下旋钮，依次选定【准备】→【预热PLA】→【预热PLA END】（图6-18），调节喷头温度至180℃（PLA线材）后，把PLA线材挂在机器后面，然后穿材料。

② 穿好材料后用力往里推，直至喷头吐出部分丝后再合上挤出机，拧紧后面螺丝即可。

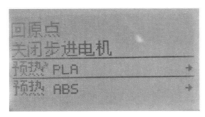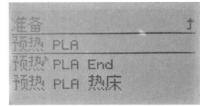

图6-18　预热打印喷头

（2）近程送丝。MB结构的3D打印机采用近程送丝，即送丝装置安装在打印头上，如图6-19所示。

① 首先按下旋钮，依次选定【准备】→【预热PLA】→【预热PLA END】（图6-18），调节喷头温度至180℃（PLA线材）后，把PLA线材挂在机器后面，然后穿材料至打印头上的送丝装置（挤出机）。

图6-19 打印机的近程送丝装置和喷头结构

② 穿好材料后，按下旋钮，依次选定【准备】→【移动轴】→【移动Z】→【移动10 mm】，通过挤出机将材料往下推，直至喷头吐出部分丝即可。

6.7.2.2 换料

（1）远程送丝。先将喷头的温度调节至180℃，然后用手扭开螺丝，松开挤出机上的弹簧夹，将材料推进一点让喷头吐出部分丝来，再把旧材料迅速拉出来。新材料的装配同上。

（2）近程送丝。先将喷头的温度调节至180℃，然后通过挤出机先向下推，直至喷头吐出部分丝，然后连续向上拉，直至把旧材料拉出来。新材料的装配同上。

6.7.3 开始打印

把拷贝有三维模型切片文件的SD卡插入SD卡槽。

（1）按下右旋钮，选择【从存储卡上打印】。

（2）选择要打印的文件（***.gcode），如图6-20所示。点击确定，机器即开始自动打印。加热盘的温度自动上升到70 ℃，喷头的温度上升到190℃，打印机就会开始工作。

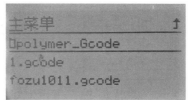

图6-20 使用SD卡进行打印操作

6.7.4 暂停/继续打印

打印过程中需要换料时，可以按一下旋钮，选择【暂停打印】并确定；换料结束后再选择【恢复打印】并确定，可以继续打印，如图6-21所示。

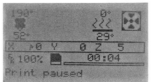

图6-21　暂停/恢复打印操作

温馨提示：断电或暂停打印时，喷头和模型相接触，在模型上可能会熔有一团线材，恢复打印前先用刀具清除干净再操作。

6.7.5　打印完毕

打印完毕，通过旋钮操作，将打印平台降至合适位置，用铲刀小心地把模型剥离下来，清理干净打印平台后再进行下一个模型的打印，或者关机并清理实验台面。

在实验记录本上登记实验情况和使用人，待老师签字确认后方可离开。

6.8　实验数据处理

6.8.1　打印线材的线径测量（千分尺）

测量打印线材的线径并记录于表6-5中。

表6-5　打印线材的线径测量

线材名称	标称线径（mm）	线径1（mm）	线径2（mm）	线径3（mm）	线径平均值（mm）

6.8.2　打印参数对打印质量的影响

记录打印参数对打印质量的影响并记录于表6-6中。

表6-6　打印参数对打印质量的影响

环境温度（℃）		打印层厚（mm）		喷头温度（℃）		有无支撑	
		0.1	0.4	180	240	无	有
首层翘曲情况							
打印拉丝情况							
尺寸变形情况	X轴						
	Y轴						
	Z轴						
	局部						

注　默认打印参数：层厚0.3mm，喷头温度180℃，热床温度为常温，打印速度120mm/min，有支撑。

6.9　实验现象与结果分析

（1）如果在首层打印时出现翘曲或黏结不良，你认为与哪些因素有关？如何改善？

（2）高温打印时会出现哪些不良现象？原因是什么？对打印精度有何影响？除了降低打印温度，你认为还有哪些措施可以消除这些不良现象？

（3）根据实验过程中的观察，你认为如何同时提高打印速度（即缩短打印时间）、打印精度和Z轴方向的拉伸强度？

6.10　思考题

（1）喷头温度是不是越高越好？设定依据是什么？

（2）线径为1.75mm的线材PLA是否适用于远程送丝工艺？为什么？

（3）线材PLA的线径大小（1.75mm/3.0mm）是否会影响打印精度？为什么？

（4）如果让你设计一个PLA拉伸样条的三维模型并打印出来，你认为打印时如何摆放样条才能获得最高的拉伸强度？为什么？

6.11　注意事项

（1）打印前请先检查线材是否完整无折断，否则请及时换料。

（2）上料和换料时务必先预热喷头。

（3）切勿用手触摸热喷头，防止烫伤。

（4）打印时，务必保证首层与热床板的成功粘接，否则请重新调平。

（5）打印过程中，切勿触碰或拔出存储卡，以防打印出错。

（6）打印完毕，小心移除模型，不要损坏模型。

（7）仔细观察打印过程，详细记录实验现象和存在问题。

（8）预习报告和实验记录需要任课老师现场签字。

（9）实验结束后请务必关闭打印机电源，清理台面杂物并打扫地面卫生。

参考文献

［1］陈为平，林有希，黄捷，等．3D 打印发展现状分析及展望［J］．工具技术，2019，53（8）：10-14.

［2］SHAHRUBUDIN N，LEE T C，RAMLAN R. An Overview on 3D Printing Technology：Technological，Materials，and Applications［J］．Procedia Manufacturing，2019，35：1286-1296.

［3］ATTARAN M. The rise of 3-D printing：The advantages of additive manufacturing over traditional manufacturing［J］．Business Horizon，2017，1：1-12.

［4］HORST D J，DUVOISIN C A，Viera R A. Additive manufacturing at Industry 4.0：a review［J］．International Journal of Engineering and Technical Research，2018，8（8）：1-8.

［5］XIN W，MAN J，ZUOWAN Z，et al. 3D printing of polymer matrix composites：A review and prospective［J］．Composites Part B，2017，110：442-458.

［6］温斯涵，李丹．3D 打印材料产业发展现状及建议［J］．新材料产业，2019（2）：2-6.

［7］邓飞，刘晓阳，王金业，等．3D 打印技术发展及塑性材料创新应用［J］．塑料工业，2019，47（6）：8-13.

［8］齐俊梅，姚雪丽，陈辉辉，等．3D 打印聚合物材料的研究进展［J］．热固性树脂，2019，34（2）：60-63.

［9］刘喆，闫承琳．绿色 3D 打印线材研制与性能研究综述［J］．木材加工机械，2019，30（1）：42-44.

［10］沙磊，汪兵兵，党元晓．基于 3D 打印技术的实践教学及应用［J］．林区教学，2019，4：23-25.

［11］黄晓灵．Solid Works 三维设计软件在机械制图教学中的应用［J］．科学咨询（决策管理），2009，10：72.

［12］王春燕．Solidworks 在工程制图教学中的应用［J］．教育现代化，2019，6（22）：244-245.

［13］冯小芸，周胜源．3D 打印切片过程与控制软件研究［J］．电子世界，2017（19）：126-126.

［14］蔡云冰，刘志鹏，张子龙，等．聚乳酸材料在 3D 打印中的研究与应用进展［J］．应用化工，2019，48（6）：1463-1468.

第7章　橡胶配方设计

7.1　概述

　　直接用橡胶生胶制成制品的情况很少，通常要在橡胶中加入各种添加剂，才能制得有实用价值的橡胶制品。根据橡胶制品的性能要求，合理选用原材料，制订各种原材料的用量配比表，这个过程即为橡胶配方设计。配方设计是橡胶制品生产中的关键环节和重要技术依据，对产品的质量和成本具有决定性的影响。

　　橡胶配方是指生胶和多种配合剂按照一定比例的组合。其组成与设计原则如下。

　　（1）生胶体系。主体材料或基体材料，根据主要性能指标确定生胶品种（单用或并用）及含胶率。

　　（2）硫化体系。与橡胶大分子发生化学交联，使橡胶由线型大分子变为三维网状结构。根据生胶的类型和品种、加工要求（如硫化工艺和条件等）及产品性能要求确定。

　　（3）补强填充体系。在橡胶中加入炭黑等补强剂或其他填充剂，提高力学性能，改善工艺性能，或者降低制品成本。根据胶料性能、密度及成本要求来确定。

　　（4）防护体系。加入防老剂延缓橡胶的老化，提高制品的使用寿命。主要根据产品使用环境的条件来确定。

　　（5）增塑体系。降低制品硬度和混炼胶的黏度，改善加工工艺性能。根据胶种、填料种类、胶料性能、加工条件等来确定。

　　（6）其他专用配合剂（着色、发泡等）的品种与用量应根据产品的特性要求来确定。

　　制订基本配方后，通过进行试验优选出最佳配方，针对基本配方胶料性能试验的项目主要有：硬度、定伸应力、拉伸强度、拉断伸长率、撕裂强度、永久变形、回弹性、热老化性能等。从加工性能考虑，测试项目包括门尼黏度、可塑度、焦烧、硫化特性等。此外，根据产品的使用性能的要求，还需选做其他测试项目，包括：耐磨、耐油、疲劳、生热、耐臭氧老化、黏合强度、阻燃等。

　　选取的试验配方再经复试、中试、大试直至确定最佳橡胶配方与加工工艺条件。

7.1.1　橡胶配方的表示方法

常见橡胶配方的表示方法见表7-1。

表7-1　橡胶配方的表示方法

配合剂名称	质量（份）	质量分数（%）	体积分数（%）	生产配方（kg）
天然橡胶	100	62.2	76.70	50
硫黄	3	1.8	1.00	1.5
促进剂M	1	0.6	0.50	0.5
氧化锌	5	3.1	0.60	2.5
硬脂酸	1	1.2	1.60	1
炭黑	50	31.1	19.60	2.5
合计	160	100	100.00	58

（1）以质量份数来表示的配方，即以生胶的重量份为100份，其他配合剂用量都相应以质量份数来表示。这种配方称为基本配方，常在实验室中应用。

（2）以质量分数来表示的配方，即以胶料总质量为100%，生胶及各种配合剂用量都以质量分数来表示。这种配方形式常用于计算原材料成本。

（3）以体积分数来表示的配方，即以胶料的总体积为100%，生胶及各种配合剂的含量都以体积分数来表示。

（4）生产使用的重量配方，即生产配方。它将混炼胶料的总重量与炼胶设备的容量关联，生胶及配合剂的含量分别以kg来表示。

7.1.2　典型的硫化体系

配方中硫化体系的选择及组成对橡胶性能起着重要作用，根据不同种类的橡胶和制品的不同性能要求，可分为硫黄、过氧化物、树脂、金属氧化物、胺类化合物等硫化体系，其中针对含双键的二烯类橡胶（如NR、BR、SBR、NBR）和低不饱和橡胶（如IIR、EPDM），广泛采用硫黄硫化体系，而在实际中通常按硫黄用量及其与促进剂的配比情况，又可划分成以下几种典型配合的硫化体系，如：

（1）常硫量硫化体系，即按常用硫黄量（＞1.5份）和常用促进剂量配合所组成。这种硫化体系能使硫化胶形成较多的多硫键和一定量的低硫键，硫化胶的拉伸强度较高，耐疲劳性好，但耐热、耐老化性能较差。

（2）半有效硫化体系，即由低硫量0.8～1.5份（或部分给硫体）与常量促进剂配合所组成。这种硫化体系能使硫化胶形成适当比例的低硫键和多硫键。硫化胶的拉伸强度和耐疲劳性适中，耐热、耐老化性能较好。

（3）有效硫化体系，即由低硫量（0.3～0.5份）或部分给硫体与高促进剂量（一般为2～4份）配合组成。这种硫化体系能使硫化胶形成占绝对优势的低硫键（单硫键和二硫键），硫化胶的耐热性和耐老化性良好，但拉伸强度和耐疲劳性能较差。

（4）无硫硫化体系，即不用硫黄而全用给硫体和促进剂所组成。这种硫化体系与有效硫化体系有相似的性能。

7.2　实验目的

（1）通过橡胶配方设计实验，了解橡胶配方设计原则要点。

（2）掌握橡胶厚制品正硫化时间的测试原理与方法。

（3）理解影响橡胶厚制品正硫化时间的因素。

（4）根据橡胶厚制品不同部位硫化速度的快慢设计合理的胶料配方及硫化工艺。

（5）确定橡胶厚制品硫化工艺中合理的起模时间。

7.3　实验原理

7.3.1　硫化体系组成对橡胶硫化速率的影响

采用硫黄硫化体系硫化时：相同促进剂用量下，随着硫黄用量的增大，硫化速率增大；相同硫黄用量下，随着促进剂用量的增大，硫化速率增大；促进剂的种类不同，硫化速率不同。

按硫化速度，促进剂可分为如下五类：

7.3.1.1　超超速级促进剂

产品类别：二硫代氨基甲酸盐类、黄原酸盐类。

主要产品：EZ、BZ、PZ、ZBEC、PX、ZIP、ZBX、ZEX、DIP，黄原酸盐类硫化速度快于二硫代氨基甲酸盐类。

7.3.1.2　超速级促进剂

产品类别：秋兰姆类。

主要产品：TMTD、TMTM、TBzTD、TIBTD、TRA、DDTS、TETD。

在常规用量下，140 ℃时对于天然橡胶达到正硫化的时间为10min以内。

7.3.1.3　准超速级促进剂

产品类别：噻唑类、次磺酰胺类。

主要产品：M、DM、MZ、MDB、CZ、NS、DZ、NOBS、TBSI等，140 ℃时对于天然橡胶达到正硫化的时间约为30min。

7.3.1.4　中速级促进剂

产品类别：胍类。

主要产品：DPG、DOTG、TPG，140 ℃时对于天然橡胶达到正硫化的时间约为60min。

7.3.1.5 慢速级促进剂

产品类别：硫脲类、醛胺类。

主要产品：ETU、DETU、DBTU、DPTU、H等，140℃时对于天然橡胶达到正硫化的时间为90～120min。

7.3.2 填料对胶料硫化速率的影响

（1）填料的pH值将影响胶料的硫化速率，一般来说pH值低，硫化速率慢。

（2）填料的导热系数越高，越有利于提高橡胶厚制品的硫化速率。

7.3.3 橡胶厚制品正硫化时间的测定

7.3.3.1 橡胶硫化反应活化能的计算

橡胶硫化（交联）反应过程可以采用阿累尼乌斯方程式描述硫化反应速率r与硫化温度T的关系：

$$r = A\mathrm{e}^{-\frac{E}{RT}} \tag{7-1}$$

式中：r——反应速度常数；

$\quad$ A——常数（频率因子）；

$\quad$ E——活化能，J/mol；

$\quad$ R——气体常数［等于8.314J/（K·mol）］；

$\quad$ T——绝对温度。

对式（7-1）取对数得：

以$1/t_{90}$表征反应速度常数r，令$Y=\ln t_{90}$，$X=1/T$，$a=-\ln A$，$b=E/R$，

$$Y = a + bX \tag{7-2}$$

通过硫化仪试验分别测定5个温度点下的t_{90}，再通过最小二乘法拟合得到线性函数的斜率b，由$E=bR$可求得硫化反应活化能。

7.3.3.2 等效硫化时间的计算

根据阿累尼乌斯方程式：

$$\frac{t_1}{t_2} = \mathrm{e}^{\frac{E}{R}\left(\frac{1}{T_1}-\frac{1}{T_2}\right)} = \frac{r_2}{r_1} \tag{7-3}$$

式中：t_1——温度T_1的硫化时间；

$\quad$ t_2——温度T_2的硫化时间；

$\quad$ E——活化能；

$\quad$ R——气体常数；

T_1，T_2——绝对温度；

r_1，r_2——在温度T_1和T_2下的硫化速率。

定义r_0为在已知温度T_0下的硫化速率（由硫化仪曲线测得），在其他温度T下的硫化速率为r，从而将T_0设为参比温度。因此：

$$\frac{r}{r_0} = e^{\frac{E}{R}\left(\frac{1}{T_0} - \frac{1}{T}\right)}$$ （7-4）

通过将参比温度T_0的硫化速率r_0赋值为1，式（7-4）可进一步简化为：

$$r = e^{\frac{E}{R}\left(\frac{1}{T_0} - \frac{1}{T}\right)}$$ （7-5）

此时r为相对硫化速率（或等效硫化速率，equivalent cure rate）。可以从任何热电偶位置选择数据计算任意时刻的r，相对硫化速率—时间曲线如图7-1所示。

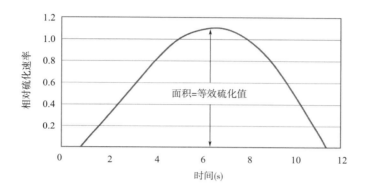

图7-1 等效硫化时间计算示意图

图7-1中速率—时间曲线下的面积表示相对于参比温度T_0的相对硫化程度，由于r为相对硫化速率，所以该面积在数值上为硫化等效时间（cure equivalent time，EQT），即：

$$EQT = \int_0^t e^{\frac{E}{R}\left(\frac{1}{T_0} - \frac{1}{T}\right)}dx$$ （7-6）

式中：x——时间变量；

t——硫化时间；

T_0，T——参比温度和瞬时温度；

R——气体常数；

E——橡胶硫化反应活化能。

7.3.3.3 橡胶厚制品达到正硫化的判定

利用测温仪实时测温可获取橡胶厚制品每个测温部位每时刻的温度数据，通过对阿累尼乌斯方程积分得到等效硫化时间，当等效硫化时间等于对应温度下的t_{90}，则说明该厚制品该点位置达到了正硫化，如果小于对应温度下的t_{90}，则说明硫化不完全，即硫化不熟。

对于整个橡胶厚制品来说，因为每个部位的温度不一样，硫化程度不一样，要判定整个厚制品达到正硫化，则需该橡胶厚制品最迟硫化部位达到正硫化，才能判定该厚制品达到正硫化，而最迟硫化部位达到正硫化所需时间，则为该厚制品的正硫化时间。

7.3.4 发泡点的定义

混炼胶在一定压力下硫化的过程中，开始时产生大量的气泡，随着胶料硫化程度的提高，气泡逐渐减少直至消失，当气泡消失的时刻该胶料对应的硫化程度定为发泡点，也就是当硫化程度低于发泡点起模时，该产品中存在气泡，高于发泡点则无气泡。

7.3.5 后硫化效应

将橡胶制品从模具中取出，自然冷却的过程中，由于产品尤其是厚制品其内部仍然在一定的时间内具有较高的温度，使橡胶制品会继续硫化，这个过程称为后硫化。

橡胶厚制品在硫化的过程中，不同于薄制品硫化，薄制品的硫化可理想认为是恒温硫化过程，而厚制品的硫化是变温硫化过程，不同部位每时每刻的温度都不一样，离模具越近的部位温度越高，离模具越远的部位温度越低。因为橡胶是热的不良导体，把热量从厚制品的外部传到内部需要时间，因此，厚制品外部的温度明显高于内部温度。当厚制品的外部达到正硫化时，内部由于温度过低还没有起硫，依据厚制品的正硫化判定依据，当内部最迟硫化部位达到正硫化的时候启模，则外部胶料由于硫化时间过长，而严重过硫，导致产品性能下降，厚制品内部在前期升温慢，硫化速率慢，但启模后，降温也慢，由于后硫化效应，导致厚制品内部在较长时间里持续维持高温硫化的过程，也使厚制品内部严重过硫，影响了整体产品的力学性能。

因此，有效地利用后硫化效应，提前起模，可以提高制品的力学性能和生产效率，减少能耗。但提前起模需要满足两个条件，一是最迟硫化部位硫化程度需达到发泡点；二是后硫化效应能使最迟硫化部位的等效硫化时间达到正硫化时间。

7.4 实验设备

7.4.1 橡胶无转子硫化仪（图7-2）

无转子硫化仪的使用操作见橡胶工艺试验。

7.4.2 平板硫化机（图7-3）

平板硫化机的使用操作见橡胶工艺试验。

7.4.3 密炼机（图7-4）

密炼机的使用操作见橡胶工艺试验。

7.4.4 开炼机（图7-5）

开炼机的使用操作见橡胶工艺试验。

图7-2　橡胶无转子硫化仪

图7-3　平板硫化机

图7-4　密炼机

图7-5　开炼机

7.4.5　硫化在线测温仪（图7-6）

图7-6　硫化在线测温仪

7.5　实验步骤

（1）设计两种硫化速率相差较大的两组橡胶配方。

（2）按照配方称取各组分。

（3）按照工艺流程，把配方中各组分投入密炼机进行密炼混合。

（4）把密炼好的胶料在开炼机中进行薄通5次，然后打厚出片备用。

（5）通过无转子硫化仪测定混炼胶在145℃、150℃、155℃、160℃、165℃5个温度下硫化的t_{90}（正硫化时间）。

（6）打开橡胶硫化在线测温分析管理系统，进入【数据库管理】，然后选择【胶料信息输入】，按照页面要求输入胶料信息及不同硫化温度下对应的t_{90}，然后点击【计算活化能】，计算完成后，点击【添加】，则保存在系统数据库中，等待测温备用，胶料硫化信息数据管理界面如图7-7所示。

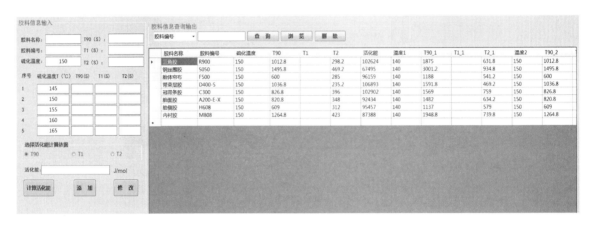

图7-7　胶料硫化信息数据管理界面

（7）打开平板硫化机，把厚制品模具放入平板中，升温到指定的硫化温度。

（8）按照模具尺寸的大小，将胶料剪成多个小片形状，称取一定质量的胶料，叠加放入模具中，并分别把三根热电偶线埋入胶料的上、中、下三个部位，其中一根热电偶埋入厚制品的中心位置，注意，热电偶线一定要从线槽穿出，否则很容易被模具压断，影响测温。

（9）打开橡胶硫化在线测温分析管理系统，进入【数据库管理】，然后选择【轮胎测温通道设置与查询】，把前面的埋线方案输入系统，然后点击【保存】，埋线方案管理界面如图7-8所示。

（10）进入【橡胶硫化在线测温】操作界面（图7-9），在通道设置编号中选择刚才保存的通道设置名称。

（11）把埋好线的模具放入平板硫化机中，合模的同时，点击【开始】，则进行硫化测温，硫化到一定时间，点击【启模】，同时把模具从平板硫化机中取出，并把制品从模具中快速取出，放置自然冷却，在冷却的过程中，继续测温，观察各个部位的温度情况，以及等效硫化时间。

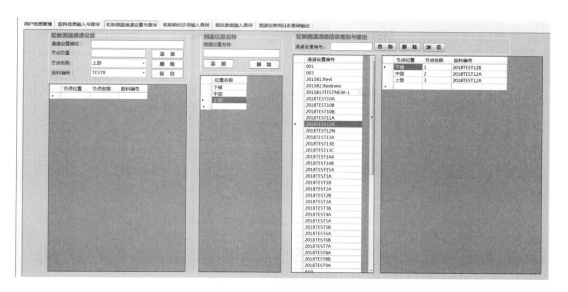

图7-8 埋线方案管理界面

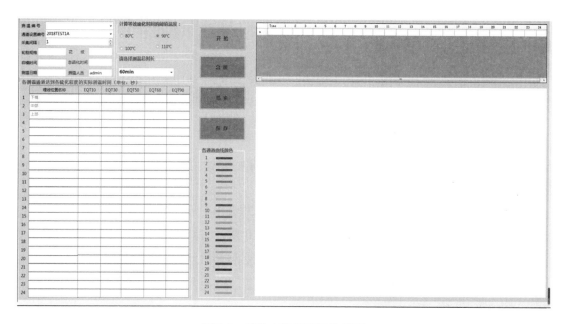

图7-9 硫化在线测温操作界面

（12）等各部位温度降到120℃以下，则点击【结束】停止测温，并点击【保存】。

（13）刨开制品，观察各部位的硫化情况。

（14）进入硫化测温结果分析输出（图7-10），在测温编号中选择刚保存的测温编号，再点击【分析结果输出】，分别点击【等效硫化时间】、【温度数据】、【测温报告】，导出相应的数据。

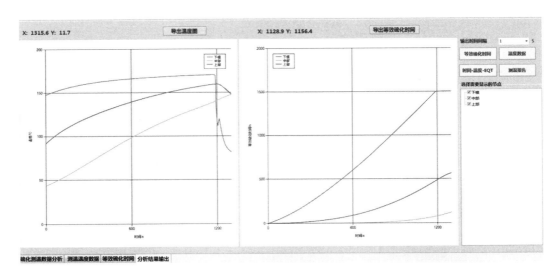

图7-10　硫化测温数据分析界面

7.6　实验任务

在橡胶配方设计厚制品硫化时间的确定方案中应对以下问题做出阐述：

（1）针对天然橡胶设计两种不同硫化体系的橡胶配方，并分析不同硫化体系对厚制品硫化的影响。

（2）针对天然橡胶设计两种不同导热系数的橡胶配方，并分析不同导热系数对厚制品硫化的影响。

（3）计算混炼胶硫化的活化能，并分析活化能的大小对厚制品硫化的影响。

（4）如何通过橡胶硫化在线测温系统的数据分析确定合适的厚制品硫化工艺？

（5）对于复合胶料配方的厚制品，不同部位的胶料的硫化速率应该如何设计？

7.7　实验报告要求

※设计目的与任务

※设计思路及原理

※所选择的原材料

橡胶配方设计主要原材料参数见表7-2。

表7-2 橡胶配方设计主要原材料

原材料	生产厂家及牌号	用量	说明
1			
2			
3			
⋮			

※实验主要设备

橡胶配方设计主要设备见表7-3。

表7-3 橡胶配方设计主要设备

设备名称	生产厂家及牌号	用途	说明
1			
2			
3			
⋮			

※配方设计表

橡胶配方设计见表7-4。

表7-4 橡胶配方设计表

组成	名称/牌号	1#	2#	3#
橡胶				
氧化锌				
硬脂酸				
填料				
促进剂				
硫黄				

※**实验过程记录**

※**性能测试结果**

（1）绘制不同硫化温度下NR胶料的硫化曲线。

（2）硫化温度对NR胶料硫化特性参数的影响见表7-5。

表7-5 NR胶料硫化特性参数

硫化温度（℃）	配方一			配方二		
	TC_{10}（s）	TC_{50}（s）	TC_{90}（s）	TC_{10}（s）	TC_{50}（s）	TC_{90}（s）
145						
150						
155						
160						
165						

（3）绘制NR胶料的硫化反应活化能拟合曲线。

（4）厚制品硫化测温数据列于表7-6中。

表7-6 厚制品硫化测温数据结果

接线编号	埋线位置	胶料编号	活化能	硫化当量	EQT 25	EQT 50	EQT 90	启模EQT	总EQT	启模硫化程度	总硫化程度	最高温度

（5）绘制厚制品不同部位硫化温度和等效硫化时间曲线图。

※实验心得

※参考文献

参考文献要求不少于10篇。

7.8 思考题

（1）分析硫黄和促进剂用量对硫化性能的影响。

（2）分析硫化温度、硫化时间与硫化程度的关系。

（3）分析不同硫化体系胶料配方活化能的大小及对厚制品的硫化有什么影响。

（4）不同导热系数的混炼胶配方对厚制品的硫化有什么影响？

（5）实验配方的成本计算。

（6）分析橡胶配方设计与工艺对环境的影响。

第8章 增韧聚酰胺6高分子材料及制品设计

8.1 概述

聚酰胺6（PA6）具有优良的耐磨性、强度和加工性能，广泛用作机械零部件、电子电气设备元器件等，是用量最大的工程塑料品种之一。然而，PA6的裂纹增长能较低，缺口敏感性高，存在干态和低温冲击强度低即韧性差的缺陷，提高PA6的韧性是重要的改性课题之一。添加弹性体或韧性树脂可以提高PA6的韧性，尤其是添加5%～20%的热塑性弹性体，能够大幅度提高PA6的韧性，橡胶相的存在使材料的破裂能大幅提高，缺口冲击强度可提高几倍甚至几十倍。由于非极性的热塑性弹性体与较强极性PA6基体相容性较差，相分离现象严重，通常需采用极性的聚烯烃，如马来酸酐接枝物来增容，才能达到增韧目的。增韧PA6韧性与强度兼具，可以注塑成型各种塑料制品，本实验要求采用增韧PA6注塑一件耐摔玩具拱桥（图8-1），并能对注塑模具进行设计与平面图绘制。

图8-1 耐摔玩具拱桥

8.2 实验目的

（1）针对PA6干态和低温冲击强度低的缺陷，通过添加热塑性弹性体POE、POE-g-MAH共混改性提高PA6冲击韧性，缺口冲击强度提高1倍以上。主要掌握：

① PA6增韧和增容的方法。

② 高分子材料韧性与组成的关系、配方设计技术。

③ 高分子材料韧性测量与表示方法。

（2）对所提供的耐摔玩具拱桥注塑模具进行设计，选取合适配方的增韧PA6进行注塑成型加工，并组装成制品。主要掌握：

① 简单塑料注塑制品模具设计原理和方法。

② 耐摔玩具拱桥注塑模具平面图的绘制。

8.3 实验原理

8.3.1 增韧改性方法

PA6的增韧通常分为物理共混增韧和化学反应增韧两种，物理共混增韧即通过添加聚烯烃、橡胶弹性体、热塑性弹性体、高韧性工程塑料等高韧性材料与PA6共混实现增韧，而化学反应增韧则是通过镶嵌、交联、接枝、共聚等化学反应改变PA6的分子结构达到提高韧性的目的，如在己内酰胺水解开环聚合体系中加入乙二醇，得到的PA6冲击强度可提高3倍。物理共混增韧因为不需改变PA6的聚合工艺，且在调整产品牌号和性能方面比较容易，是常用的增韧PA6的方法，见表8-1。

表8-1 物理共混增韧PA6的方法

序号	增韧体系	典型增韧剂	特　点
1	聚烯烃/PA6	低密度聚乙烯、共聚聚丙烯、聚偏氟乙烯	非极性的聚烯烃分散相和较强极性PA6基体相容性较差，相分离现象严重，需采用极性的聚烯烃马来酸酐接枝物等增容
2	热塑性弹性体/PA6	乙烯-1-辛烯共聚物（POE）、苯乙烯嵌段共聚物（SEBS）	POE、SEBS分子结构中没有不饱和双键，耐老化性能优良，呈颗粒状，加工流动性良好，可用双螺杆共混挤出工艺，需增容
3	橡胶弹性体/PA6	三元乙丙橡胶（EPDM）、二元乙丙橡胶（EPM）、丁腈橡胶	橡胶弹性体通常为块状，以开炼、密炼加工方式为主，非极性橡胶增韧需增容，而极性橡胶增韧无须增容
4	核壳结构共聚物/PA6	以聚丙烯丁酸酯为核，PMMA为壳构成的丙烯酸酯类共聚物（ACR）；由交联丁二烯-苯乙烯橡胶为核，PMMA为壳构成的共聚物（MBS）	以交联的弹性体为核，较高玻璃化转变温度的聚合物为壳构成的共聚物；壳层加入共聚功能单体，如马来酸酐（MAH）、丙烯酸（AA）、甲基丙烯酸（MAA）等，可与PA6端氨基反应而具有较强的界面相容作用
5	工程塑料/PA6	聚碳酸酯（PC）、丙烯腈-丁二烯-苯乙烯共聚物（ABS）	高韧性工程塑料，如聚碳酸酯（PC）掺混在PA6中，可提高PA6的韧性和其他性能

刚性无机填料通过有机化改性后，填充或者作为"骨架"等方式与PA6共混，也能增韧PA6，如有机化处理过的蒙脱土、纳米二氧化硅、玻璃纤维等，但刚性粒子增韧效果不如弹

性体。

8.3.2 增韧机理

从19世纪40年代以来，工业上就广泛采用加入少量橡胶来提高刚性聚合物的抗断裂性能，橡胶增韧理论随之发展。增韧理论不断演进，主要经历了微裂纹理论、多重银纹理论、剪切屈服理论、银纹—剪切带理论等阶段，目前较普遍接受的增韧理论是银纹—剪切带理论。

8.3.2.1 微裂纹理论

微裂纹理论是第一种增韧理论，1956年，梅尔茨（Merz）等针对高抗冲聚苯乙烯（HIPS）被拉伸时出现的应力发白现象，认为是材料内部产生的空穴对光散射引起；并且应变时材料内部产生许多细微的裂纹，部分橡胶颗粒横跨裂纹之上，阻止了裂纹迅速发展；形变过程中，橡胶颗粒消耗了能量，从而提高了材料的韧性。

8.3.2.2 多重银纹机理

多重银纹机理是由巴克纳尔（Bucknall）等观察HIPS断裂过程中基体产生大量银纹而提出的。其指出，橡胶粒子作为应力集中点既能引发银纹，又能控制银纹的生长。一方面，橡胶粒子引发的若干银纹使冲击能均匀地分散到每一条银纹上；另一方面，当银纹前锋处的应力集中低于临界值或者碰到另一个橡胶粒子时，银纹终止，从而防止银纹变成裂纹，起到增韧的作用。多重银纹理论将应力发白归因于银纹而不是裂纹，由高度取向的银纹纤维和空洞组成。多重银纹增韧的机理研究重点是通过控制银纹的行程、扩展和终止，使其最终不因吸收能量过多而变成裂纹，导致材料破坏。

8.3.2.3 剪切屈服理论

剪切屈服理论又称屈服膨胀理论，在橡胶粒子和其周围的塑料相相容性十分好时，有两种可能产生静张力，一是由于热收缩不同，橡胶热膨胀系数大于塑料，在高温向低温冷却时，橡胶粒子可对周围产生静张力；二是当施加拉力时，橡胶的泊松比大，横向收缩大，而塑料的相对小，所以形成静张力，而静张力能导致塑料相的自由体积增大，基体玻璃化转变温度降低，从而使基体剪切变形，消耗能量，达到增韧的效果。

8.3.2.4 银纹—剪切带理论

银纹—剪切带理论是Bucknall等在20世纪70年代提出的，认为橡胶颗粒在增韧体系中发挥着两个重要的作用，一是作为应力集中中心诱发大量银纹和剪切带，二是控制银纹的发展，并使银纹终止而不致发展成破坏性裂纹。银纹尖端的应力场可诱发剪切带的产生，而剪切带也可阻止银纹的进一步发展。大量银纹或剪切带的产生和发展要消耗大量能量，因而材料的冲击强度显著提高。

由于橡胶对塑料的增韧是一个非常复杂的过程，不同类型的增韧剂，有着不同的增韧机理，而同一个体系，也有可能需要一个或多个增韧机理来解释。如用聚丁二烯增韧的PA6，在透射电镜下能看到冲击端口下一排排的空洞化的橡胶粒子；MBS/PA6共混体系中加入苯乙烯—马来酸酐共聚物（SMA）制得的超韧性合金，其材料的缺口冲击处也能看到许多细小的银纹。早期的增韧理论只是定性地解释一些实验结果，缺乏从分子水平上对材料形态结构的定量研究。

8.3.3 增容机理

PA6与POE极性相差很大，两相界面张力大，为不相容体系，需进行增容才能得到高韧性的合金材料。解决这一问题常见的方法是添加增容剂。反应性增容剂尤其是含酸酐、环氧基、羧酸基的增容剂应用最为广泛。马来酸酐接枝聚烯烃（POE-g-MAH）、乙烯—丙烯酸甲酯—甲基丙烯酸缩水甘油酯三元无规共聚物等的酸酐基团或环氧基团与PA6氨基发生反应后生成POE-g-PA6，在PA6与POE两相之间形成过渡层，从而有效降低界面张力，减小POE分散相相尺寸可起到增容作用，明显改善合金力学性能。

8.3.4 耐摔玩具拱桥注塑模具设计原理

（1）本模为两板式模具，腔数数目确定。因考虑到塑件的体积较小，故选一模两腔。

（2）分型面的选择。分型面为定模与动模的分界面，合理选择分型面，分型面的位置必须开设在制件断面轮廓最大的地方，才能使制件顺利地从型腔中脱出。

① 塑件在开模后留在动模上。

② 分型面上的痕迹不影响塑件的外观。

③ 浇注系统，特别是浇口能合理的安排。

④ 使推杆痕迹不留在塑件外观表面上。

⑤ 使塑件易于脱模。

（3）排气槽的设计。当塑料熔体注入型腔时，型腔内气体被压缩产生的反压力会降低充模速度，影响注塑周期和产品质量（特别在高速注射时），因此设计型腔时必须考虑排气问题。本模具采用分型面排气可满足要求，这样设计可以降低加工成本，提高工作效率。

（4）浇注系统的设计。

① 对浇注系统的要求。

a. 对型腔迅速有序的填充。

b. 能同时充满整个型腔。

c. 原料消耗应尽可能少。

d. 对热量和压力的损失少。

e. 能够使型腔顺利排气。

f. 浇道凝料容易与塑件分离或切除。

g. 浇口痕迹对塑件外观影响较小。

h. 冷料不会进入型腔。

② 主流道设计。

a. 主流道呈圆锥形，一般为2°~4°的锥角，此设计取$\alpha=2°$，主流道带锥度是为了使凝料从主流道中拔出。

b．径向尺寸：主流道径向尺寸的小端直径应大于喷嘴口径0.5～1.0mm，所以主流道小端的径向尺寸取4.0mm，当主流道与喷嘴同轴度有偏差时，可以防止主流道凝料不易从定模一侧拉出。

c．凹模球面半径R应比喷嘴球径大1～2mm，可保证在注射过程中，喷嘴与模具紧密接触。

d．流道内壁的光洁度（Ra）达1.6以上。

③ 分流道设计。

a．塑料沿分流道流动时，要求通过它尽快地充满型腔，流动中温度降低尽可能小，阻力尽可能低，同时应能将塑料熔体均衡地分配到各个型腔。

b．分流道的长度取决于模具型腔的总体布置方案和浇口位置，从减少浇注系统的回料量、压力损失和热量的要求出发，不能过粗，过粗的分流道冷却缓慢，还会增长模塑周期。

c．分流道的截面面积应尽可能保证型腔充满，并补充因型腔内塑料收缩所需的熔体后方可冷却凝固，因此，分流道截面直径或厚度应大于塑件壁厚。

d．截面形状，实际设计中所采用的分流道截面形状有圆形、半圆形、矩形、梯形和U形等，从使用观点来看，常用圆形分流道和半圆形分流道。

④ 浇口的设计。浇口是浇注系统的关键部分，浇口的形状和尺寸对塑件质量影响很大，本模具选用点浇口，又称针点浇口，是一种尺寸很小的浇口，熔体通过它有很高的剪切速率，其尺寸见表8-2。

表8-2 模具点浇口尺寸 单位：mm

尺寸	壁厚	浇口宽	浇口深	浇口长
范围	1.5	0.5～2	1.5～15	0.7～2.0
取值	1.5	1.6	8	1.4

⑤ 冷料井的设计。冷料井在主流道正对面的动模上，直径宜稍大于主流道大端直径，以利于冷料流入，冷料井底部常做成曲折的钩形或下陷的凹槽。

8.4 实验任务

8.4.1 增韧PA6设计配方

PA6存在干态和低温冲击强度低的缺陷，其拉伸强度可达55MPa，断裂伸长率100%，但Izod缺口冲击强度只有约7kJ/m^2。乙烯-1-辛烯共聚物（POE）是美国杜邦-道化学公司以茂金属为催化剂开发成功的新型聚烯烃热塑性弹性体，辛烯与被破坏规整性的乙烯链段成为软段，结晶的乙烯链作为物理交联点。本实验通过添加热塑性弹性体POE增韧、POE-g-MAH增容共混改性提高PA6的冲击韧性。PA6冲击韧性提高的幅度与POE的用量关系十分密切，通过改变POE的用量，得到韧性不同的系列配方产物，主要是缺口冲击强度随用量而变化。由于不同生产厂家、不同牌号的PA6、POE以及POE-g-MAH的性能差别较大，对这些原料的选择一定要慎重，实验原料列于表8-3。

表8-3 实验原料

原材料	要求	用途	厂家/牌号
1			
2			
3			
⋮			

设计配方时应注意：

（1）根据挤出机和注塑机型号、所需样条的种类等确定总用量，本实验只需冲击和拉伸样条，总用量为500g即可。

（2）通过POE用量的增加能够明显看到韧性增加的过程，POE的用量不要超过15%（质量分数）。

（3）POE-g-MAH增容剂本身也有一定的增韧作用，其用量不超过5%（质量分数）；

（4）设计一个配方考察POE-g-MAH的增容作用，也就是只加POE的配方。配方设计举例见表8-4。

表8-4 POE弹性体增韧PA6系列配方

原料（质量分数，%）	PA6	PA6-1	PA6-2	PA6-3	PA6-4	PA6-5	PA6-6
PA6	100	97	95	91	87	83	86
POE	0	0	2	6	10	14	14
POE-g-MAH	0	3	3	3	3	3	0

8.4.2 耐摔玩具拱桥的设计

（1）对所提供的耐摔玩具拱桥注塑模具进行设计；绘制注塑模具的平面图，撰写设计说明书。

（2）选取合适配方的增韧PA6，在合适的条件下注塑成型加工。

（3）通过组装得到耐摔玩具拱桥制品。

8.5　实验报告要求

※ **加工工艺条件**

（1）干燥温度_____℃，干燥时间_____h；

（2）挤出工艺参数见表8-5。

表8-5　挤出工艺参数

仪器	型号		长径比		机头压力		主螺杆转速		喂料螺杆转速	
挤出机										
温度（℃）	1	2	3	4	5	6	7	8	9	10

（3）注塑工艺参数见表8-6。

表8-6　注塑工艺参数

仪器	型号	注塑时间	注塑压力	注射速度	螺杆背压	保压压力
注塑机						
温度（℃）	1	2	3	4	5	6

※ **实验步骤**

（1）干燥处理。由于PA6很容易吸收水分，水分在熔融挤出时会引起PA6的降解，因此加工前的干燥是十分重要的。如果水含量大于0.2%，或已经在空气中暴露超过8h，建议在100～105℃的真空下干燥8h以上。

（2）共混挤出。按配方混合各原料，在双螺杆挤出机上进行共混挤出。

（3）注塑。干燥后注塑制备缺口冲击强度、拉伸强度测试样条以及耐摔玩具拱桥制品。

（4）性能测试。按国家标准测得Izod缺口冲击强度、拉伸强度、断裂伸长率等性能。

※ **注意事项**

（1）在设置挤出、注塑各段温度时，螺杆各区域最高点温度控制在熔点以上25℃左右。

（2）为了降低POE用量的影响，从POE用量低的配方开始挤出或注塑。

（3）注塑机的注塑压力、螺杆转速应按照现场教师的要求来设定。

（4）耐摔玩具拱桥模具结构较复杂，增韧PA6的流动性变差，合理调整注塑成型工艺条件。

※ **实验过程记录**

实验过程记录列于表8-7中。

表8-7　实验过程

实验	时间	工艺
挤出	9：00	升温
	⋮	
	9：20	加料挤出
	⋮	
注塑	14：30	升温
	⋮	
	15：30	加料注塑
	⋮	

※增韧PA6性能测试结果

韧性是表示材料在塑性变形和断裂过程中吸收能量的能力。韧性越好，则发生脆性断裂的可能性越小，拉伸断裂伸长率、缺口冲击强度较大，而表示刚性的物理量，如拉伸强度则降低。缺口冲击强度和拉伸强度的测定必须按照国家标准规定的方法进行（表8-8）。

表8-8　力学性能测定标准

项　目	标　准
缺口冲击强度（kJ/m²）	GB/T 1843—2002
拉伸强度（MPa）	GB/T 1040—2006

记录力学性能测定仪器的型号，测定温度和湿度，结果换算后将平均值列于表8-9。

表8-9　力学性能结果平均值

样品	拉伸强度（MPa）	拉伸模量（GPa）	断裂伸长率（%）	缺口冲击强度（kJ/m²）
PA6				
PA6-1				
PA6-2				
PA6-3				
⋮				

实验数据处理一定要规范，注意：

（1）缺口冲击强度需要将功（J）换算成kJ/m²，5次结果取平均值，有效数值保留到小数点后一位。

（2）拉伸速率对拉伸强度和断裂伸长率结果影响很大，在合适的拉伸速率下测定，标出所用拉伸速率。

（3）湿度对缺口冲击强度的影响十分明显，样条应密封，保存在干燥环境中。

※ **增韧PA6实验结果分析**

根据所测结果，总结缺口冲击强度、拉伸强度与用量的关系，以POE用量为横坐标，缺口冲击强度、拉伸强度分别为纵坐标作图，可以看到随POE用量的增加，缺口冲击强度增加，而拉伸强度则降低。此外，没有与POE-g-MAH增容的配方样性能很差，没有发挥出POE的增韧作用。

※ **注塑模具平面图与制品图片**

（1）将缺口冲击强度和拉伸强度测试样条以及测试后的样条进行拍照，然后对比分析说明。

（2）绘制耐摔玩具拱桥拆解图。

（3）在A4纸上绘制标注尺寸的玩具拱桥注塑模具正视图和俯视图。

（4）注塑件组装耐摔玩具拱桥制品拍照。

※ **设计中的环境因素分析**

粉末原料在混合、加料过程中产生粉尘污染；挤出、注塑过程中温度过高，接近工程塑料、增韧剂、增容剂的分解温度会导致有毒气体产生；挤出、注塑过程中洗机产生的废料以及边角料等固体废弃物，这些均需在配方、工艺设计中予以考虑。

※ **实验心得**

8.6　思考题

（1）PA6为什么要烘干？不烘干会有什么影响？

（2）除了POE以外，还有哪些热塑性弹性体也有增韧作用？与EPDM橡胶增韧相比有哪些优势？

（3）试分析PA6与POE的相容性以及与POE-g-MAH的增容原理。

（4）试分析PA6的韧性与刚性随POE用量变化的趋势。

（5）查阅文献后，请分析无机纳米粒子是否可以增韧PA6。

（6）如何合理地选择该塑料模具的分型面？

（7）该模具浇注系统的设计要求主要有哪些？

（8）该模具分流道设计的要求主要有哪些？

（9）在配方与模具设计过程中需要考虑哪些因素对环境的影响？

参考文献

［1］冯钠，刘俊龙，曲敏杰，等 . PE-g-MAH 对 HDPE/PA6 共混合金的增容作用［J］. 中国塑料，2000，14（9）：25-28.

［2］GALLEGO R，Garcia-L6pez D，Lopez-Quintana S，et al. Influence of blending sequence on micro-and macrostructure of PA6/m-EPDM/EPDM-g-MA blends reinforced with organoclay［J］. J. Appl. Polym. Sci.，2008，109（3）：1556-1563.

［3］XIE T，WU H，BAO W，et al. Enhanced compatility of PA6/POE blends by POE-g-MAH prepared through ultrasound-assisted extrusion［J］. J. Appl. Polym. Sci.，2010，118（3）：1846-1852.

［4］HORIUCHI S，MATCHARIYAKUL N，YASE K，et al. Compatibilizing effect of malefic anhydride functionalized SEBS triblock elastomer through a reaction induced phase formation in the blends of polyamide 6 and polycarbonate：2. Mechanical properties［J］. Polymer，1997，38（1）：59-78.

［5］冯清正，孟为明，贾维强，等 . 聚酰胺 6/ 聚乙二醇共聚物的合成及力学性能研究［J］. 化工新型材料，2014，42（7）：181-186.

［6］MERZ E H，CLAVER G C，BAER M. Studies on heterogeneous polymeric systems［J］. J. Polym. Sci.，1956，22（101）：325-341.

［7］BUCKNALL C B，SMITH R R. Stress-whitening in high-impact polystyrenes［J］. Polymer，1965，6（8）：437-446.

［8］NEWMAN S，STRELLA S. Stress-strain behavior of rubber-reinforced glassy polymers［J］. J. Appl. Polym. Sci，1965，9（6）：2297-2310.

［9］BUCKNALL C B. Toughenned Plastics［M］. London：Applied Science Publishers，1977.

［10］郭宝华，张增民，徐军 . 聚酰胺合金技术与应用［M］. 北京：机械工业出版社，2010.

第9章　高光泽丙纶色丝的制备

9.1　概述

纤维具有不同的颜色，使我们的生活更加丰富多彩（图9-1）。纤维的颜色可以通过两种方式获得：染色和原液着色。染色需要特定的染料和特定的染色工艺，根据是否使用液体分为湿式染色和干式染色。鉴于环保因素，合成纤维颜色的获得正向着更为环保的原液着色的方向发展。原液着色纺丝是在聚合物熔融状态下引入着色材料从而直接从喷丝头获得有色纤维的一种纺丝方法。这些着色材料可以是色粉或者色母粒的形式，随着聚合物切片一起加入料斗完成整个纺丝过程，也可通过侧喂料螺杆喂入色母粒或者色浆而实现中途注入着色材料。但是由于所采用的着色材料大都为颜料，因此所得纤维的颜色光泽度、光亮度相对于染色略逊一筹。

图9-1　多彩的纤维产品

天然蚕丝的三角形截面结构赋予了蚕丝绚丽的光泽，合成纤维的第一个仿生纤维便是从蚕丝的截面结构获得了启发，进而开发了涤纶仿真丝纤维。利用纤维截面类似三棱镜的结构，实现外射入光线的全反射，从而赋予改性纤维绚丽耀眼的光泽。而获得异形截面的办法之一是将圆形喷丝孔改为异形喷丝孔，如Y形等。

9.2　实验目的

聚丙烯由于本身主链分子结构中不含极性基团，不能按照传统的染色工艺制备彩色聚丙烯纤维，其色彩获得最直接的办法之一是通过共混添加的方式，所采用的着色剂一般为无机颜料。但是，这种着色工艺难以获得具有明亮光泽度的纤维产品。

通过设计性实验主要让学生掌握：

（1）色母粒的制备工艺及作用。

（2）非极性聚合物，如聚丙烯有色纤维的制备方法。

（3）如何通过纤维截面结构设计获得具有高光泽度的纤维产品。

9.3 实验原理

色母粒在塑料加工过程中，具有易配色、浓度高、分散性好、清洁等显著的优点，因此对于热塑性有色聚合物纤维，都可以采用添加色母粒的方法制备。色母粒由颜料、添加剂、载体等组成，添加剂包括分散剂、润湿剂。分散剂的作用是将颜料分散成一定粒径的颗粒，使之稳定均匀地分布在纤维中，并在加工过程中不再凝聚。要求分散剂与树脂相容性好，熔点低于树脂，对颜料有一定的亲和力。

异形纤维是差别化纤维的重要品种之一，主要是采用物理的方法改变高聚物的结构，使纤维性质发生变化。圆形截面的化学纤维大都存在表面光滑、黏附能力差、易起球、不吸水、覆盖性小的缺点。纤维截面异形化后能使纤维的光泽性、蓬松性、吸湿性、抗起毛起球性、耐污性、硬挺性、弹性等得到不同程度的改善。

在异形纤维的纺丝过程中，影响纤维截面异形度和纤维力学性能的因素主要为喷丝孔形状、纺丝熔体性质、纺丝工艺条件。在固定聚合物喷丝孔形状和聚合物种类的条件下，纺丝工艺设定直接决定了聚合物熔体经过异形喷丝孔后的挤出胀大（图9-2），从而获得具有不同异形截面结构的纤维。

当高聚物熔体从小孔、毛细管或狭缝中挤出时，挤出物在挤出模口后膨胀，使其横截面大于模口横截面的现象称为挤出胀大现象或离模膨胀效应。其原理是聚合物熔体在流道内因流动而取向，在流出模口时，分子失去流道束缚，发生解取向而重新卷曲。挤出胀大随切变速度增大而增大，在到达最大值后再下降。相对分子质量增大和其他能增加缠结的因素（如长支链的增加）都将使聚合物熔体挤出胀大的趋势增大。

影响挤出胀大的因素除配方以外，主要有温度和牵伸速度。温度提高，熔体松弛时间下降，离开挤出模口的初生丝取向度降低，初生丝因解取向而发生弹性恢复的可能性变小；熔体黏度迅速下降，减小了挤出细流偏离喷丝孔形状的

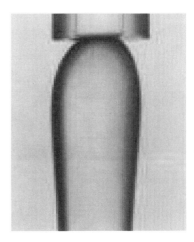

图9-2 聚合物的挤出胀大

阻力，因此挤出胀大的趋势减弱。喷丝头纺丝速度过高往往导致纤维异形度的降低，初生丝的断头率增加。纺丝速度过低则纤维异形度提高，但会造成丝束疵点上升的可能性增加。

熔体黏度越大，对熔体细流偏离喷丝孔形状的阻力就越大，使纤维异形度增加。熔体细流被挤出喷丝孔的瞬间，细流产生一种表面张力，使其保持表面积最小，纤维截面有趋于圆形的趋势，纺丝液表面张力越大，纤维截面越趋于圆形，纤维异形度下降（图9-3）。

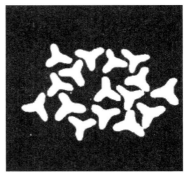

图9-3 采用Y形喷丝板可获得三角形和三叶形的纤维截面

在较高的喷丝头拉伸倍数的情况下，施加的张力能够部分克服因原液挤出和凝固而产生的表面张力，可增大所纺丝的异形度，但速度过大易造成毛丝，影响纤维的可纺性。

异形丝的异形度随着熔体细流冷却条件的加剧而增加，影响因素主要有：冷却位置、冷却温度和冷却风速。随着吹风点距喷丝板距离的缩短，纤维异形度增大；在冷却过程中，侧吹风的温度和速度对纤维的成型和性能影响很大。

根据现有国家标准FZ/T 50002—2013《化学纤维异形度试验方法》，纤维截面形状异形化的程度有两种表示方法（图9-4）。

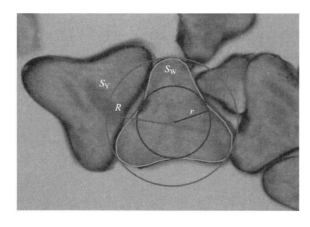

图9-4 异形纤维截面及异形度计算

第一种，可以用相对径向异形度（D_R）表示，定义为：

$$D_R=\left(1-\frac{r}{R}\right)\times100\%\qquad(9-1)$$

式中：D_R——相对径向异形度；

　　　R——包含异形纤维截面的最小圆半径，μm；

　　　r——截面外轮廓内切的同心圆半径，μm。

第二种，可以用截面异形度（S_R）表示，定义为：

$$S_R=\left(1-\frac{S_W}{S_Y}\right)\times100\%\qquad(9-2)$$

式中：S_R——截面异形度；

　　　S_W——纤维截面外轮廓线围成的面积，μm^2；

　　　S_Y——包含异形纤维截面的最小圆面积，μm^2。

9.4　实验任务

请采用常规纺丝成型设备，实现不同颜色高光泽丙纶色丝的制备，每组仅选择一种颜色。在设计中，需要重点阐述以下问题：

（1）选择制备有色丙纶丝的方法是什么？该种产品的颜色色牢度如何？

（2）所选择的制备有色丙纶色丝方法与传统本色丙纶染色制备方法有什么不同？需要增加什么设备？

（3）提高丙纶色丝的光泽度的方法是什么？是否还有其他方法，你所选的方法的优势在哪里？

（4）采用制备高光泽度的丙纶色丝的成本是高还是低？制备过程对环境是否有影响？

（5）试验过程中采用的标准有哪些？

9.5　实验报告要求

※ 设计任务

※ 设计思路与原理

（1）制备有色丙纶的方法及优选方案。

（2）提高丙纶光泽度的方法及优选方案。

（3）本设计的思路及理论基础。

※ **实验原料**

高光泽丙纶色丝制备的主要原材料列于表9-1中。

表9-1　高光泽丙纶色丝制备的主要原材料

原材料	生产厂家及牌号	用量	说明
1			
2			
3			
⋮			

※ **实验设备**

高光泽丙纶色丝制备的主要设备列于表9-2中。

表9-2　高光泽丙纶色丝制备的主要设备

设备名称	生产厂家及牌号	用途	说明
1			
2			
3			
⋮			

※ **加工工艺及其说明**

（1）有色丙纶丝的制备方法及工艺（需要绘出流程图并说明）。

（2）通过调整纺丝温度改善丙纶色丝光泽度工艺研究。

① 工艺调整思路及原理。

② 纺丝温度对初生丝异形度的影响列于表9-3中。

表9-3　纺丝温度对初生丝异形度的影响

纺丝温度（℃）		温度1	温度2	温度3
异形度（%）	相对径向异形度	平均值±标准差		
	截面异形度			

（3）喷丝孔形状对卷绕丝异形度的影响列于表9-4中。

表9-4　采用不同形状喷丝孔获得卷绕丝异形度对比

喷丝孔形状		圆形	Y形
异形度（%）	相对径向异形度	平均值±标准差	
	截面异形度		

注　纺丝温度为____℃。

（4）牵伸倍数对纤维光泽度和异形度的影响列于表9-5中。

表9-5 牵伸倍数对丙纶色丝异形度的影响

样品丝		初生丝		
异形度（%）	相对径向异形度	平均值±标准差		
	截面异形度			

注 Y形喷丝板，纺丝温度为____℃。

（5）丙纶色丝耐摩擦色牢度对比列于表9-6中。

表9-6 丙纶色丝耐摩擦色牢度实验结果

项目	水	油	清洁剂
色牢度（级）			
照片			

※ **高光泽度的有色聚丙烯长丝的成本计算**

列于表9-7中。

表9-7 高光泽度的有色聚丙烯长丝的成本计算

项目	单价	用量	合计	数据来源
PP				
色母粒				
电耗				
人工成本				
总计				

※ **实验中的环境影响分析**

※ **实验结论**

※ **实验心得**

※ 附件

（1）实验原始记录。

（2）喷丝板照片。

（3）三角形截面和圆形截面各三个实物样品对比（蝴蝶结）（未牵伸丝、牵伸丝、卷绕丝）。

（4）温度对纤维光泽度影响的初生丝照片。

（5）温度对初生丝纤维异形度影响的截面显微照片。

（6）喷丝孔形状对卷绕丝异形度影响的截面显微照片。

（7）牵伸倍数对纤维光泽度和异形度影响的截面显微照片及实物纤维对比照片。

（8）丙纶色丝耐摩擦色牢度实验照片。

参考文献

［1］董纪震, 罗鸿烈, 王庆瑞, 等. 合成纤维生产工艺学（上册）［M］. 2 版. 北京: 纺织工业出版社, 1993.

［2］HUFENUS R, YAN Y, DAUNER M, et al. Melt-Spun Fibers for Textile Applications［J］. Materials, 2020, 13（19）: 4298.

［3］李光. 高分子材料加工工艺学［M］. 3 版. 北京: 中国纺织出版社, 2020.

［4］王琛, 严玉蓉. 聚合物改性方法与技术［M］. 北京: 中国纺织出版社, 2020.

第10章　动态交联弹性体的制备

10.1　概述

复合材料是指由两种或多种不同性能的材料，通过宏观或微观的复合形成的新型材料。复合材料各组分间存在明显的界面；各组分保持固有性能的同时，最大限度地发挥各组分的优势，并具有单一组分不具备的特殊性能。

橡塑并用复合材料，主要由热塑性塑料和热固性橡胶两种性能不同的聚合物作为基础组成成分，橡胶和塑料两个组分间不只是简单的物理共混，橡胶与塑料在共混设备中受到了复杂的机械力作用，并在各种功能助剂的作用下，橡胶与塑料、橡胶与橡胶间产生了复杂的物理和化学变化，使复合材料具有某些橡胶或塑料组分所不具备的新性能。橡塑并用制备的热塑性弹性体是目前橡塑并用发展的一个重要方向，它改变了传统橡胶的加工工艺，是对橡胶工业的一次重大革新。

橡塑并用体系是多组分复合体系，其性能取决于各组分的性能、相界面状态和体系形态结构。复合材料性能的影响因素中最主要的是组分间的相容性，相容性对复合材料最终形成的相界面和结构形态有决定性作用。复合材料的熔体流变性能与成型加工条件关系密切，也对最终制品性能有较大影响。

热塑性硫化弹性体（thermo-plastic vulcanizate，TPV）是一种典型的橡塑复合材料，主要由两部分组成，一是塑料，作为复合材料的连续相，给材料提供热塑属性及强度等性能；二是橡胶，作为复合材料的分散相，给材料提供韧性和弹性。为实现这些目的，橡胶通常需要与软化油或增塑剂配合使用，并辅以硫化剂等助剂，另外也会添加一些无机填料用于降低成本或提高某些特殊性能。

现有商品化性能优异的TPV包括：EPDM/PP、NBR/PP、IIR/PP、NR/PP、ACM/PA、FKM/PVDF、TPSiV等体系。TPV材料具有制造灵活性、易加工、耐候性好和可回收等优点，可采用多种常规热塑性加工手段（如挤出、注塑、吹塑）加工成制品。

10.2　实验目的

通过TPV弹性体体系设计，掌握TPV配方设计要点，特别是体系中橡塑比例及橡胶硫化体系的设计；熟悉TPV弹性体的加工设备及加工工艺；能根据并用材料品种，合理制订加工工艺条件。

10.3　实验原理

　　并不是任意两种橡胶与塑料进行共混就能得到性能优异的橡塑并用共混物。如果两种聚合物完全不相容，就很难将它们混合均匀，得到的共混物会显得表面粗糙，且力学性能很差。如果两种聚合物能完全相容，虽然容易得到均匀分散的共混物，但其力学性能并不优异。

　　如果要设计一种性能良好的共混物，聚合物之间必须有较大的物性差异，有一定的相容性，要做到共混物微观分相而宏观均匀，即共混物两相间的界面要相互渗透形成宏观不分离，微观非均相结构的多相体系，这样才可获得优异的协同效应。TPV弹性体的制备工艺对非均相结构的形成至关重要，TPV的制备过程具有相反转现象，即加工初期以橡体胶为连续相，塑料相为岛相的非均相结构，随制备过程的剪切和硫化反应的进行，橡胶相黏度逐渐增大，并在加工设备的剪切作用下被破碎，逐渐形成塑料为连续相，交联橡胶为岛相的非均相结构。

　　研究表明，要制备出性能优异的TPV，橡胶与塑料的匹配需同时满足以下三个条件：

　　（1）橡胶组分具有较短的分子链。

　　（2）橡胶与塑料具有相互匹配的表面能。

　　（3）塑料的结晶度高于15%。

　　若橡胶与塑料的表面能差异较大，会导致塑料中分散的硫化胶微观相结构不均匀，界面粗糙，很难得到性能优异的TPV，可以加入适量的相容剂来改善两相界面，使硫化橡胶在塑料中分散均匀。

　　TPV材料的最终性能与多个因素有关：橡胶与塑料两组分的特性、橡塑并用的并用比、橡胶相交联程度、动态硫化的硫化体系、橡胶相颗粒大小、共混方式及加工工艺等。

　　通常随塑料组分的增加，TPV材料的硬度、模量、永久变形随之增大，弹性变小，韧性降低；橡胶的交联程度提高，TPV材料强度、耐化学品能力提高，永久变形下降；橡胶相颗粒减小，TPV材料的强度、伸长率、加工性能都能得到提高。

　　制备TPV的关键性技术是动态硫化，而共混物中橡胶的硫化特性，如硫化速率及硫化程度，则对TPV的形态及其大小有影响，最终反映在对力学性能及加工性能上有很大影响。因此，应根据不同的体系情况，选用不同的硫化体系，所以合理地选择硫化体系是十分重要的。常用的硫化体系有：硫黄/促进剂硫化体系，过氧化物或过氧化物/助交联剂硫化体系，烷基酚醛树脂硫化体系，双马来酰亚胺硫化体系及金属氧化物硫化体系等。有些硫化剂，特别是单用某些过氧化物类硫化剂时会引起塑料的降解。在工业上，部分交联的TPO一般是采用过氧化物（如DCP）硫化体系硫化，但对于完全交联的烯烃类TPV，则主要采用硫黄/促进剂硫化体系硫化，或者采用双马来酰亚胺硫化体系及烷基酚醛树脂硫化体系硫化。

TPV硫化体系的选择，除了要根据橡胶的品种，使之在熔融共混温度下，既能使橡胶充分硫化，又不产生硫化返原或降解，还应考虑橡胶相的硫化速度与分散程度的匹配，即应在保证橡胶充分混匀后才开始交联。有的TPV几种硫化体系均适用，此时应根据性能要求和制造成本权衡利弊。

10.4　实验设备

10.4.1　翻转式密炼机

由密炼室及上顶栓形成W形密闭腔体，腔体内两个表面带螺旋棱角的搅叶轴，在一定压力与温度条件下，两轴做相对差速运转，使胶料均匀分散。

10.4.1.1　设备结构

密炼机结构如图10-1所示。

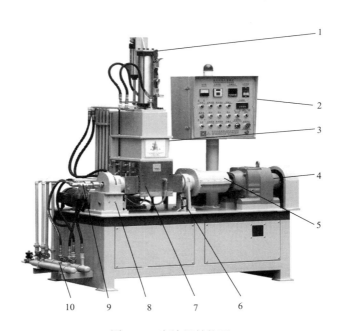

图10-1　密炼机结构图

1—气压缸　2—操作面板　3—防尘护罩　4—减速机　5—差速齿轮箱　6—限位开关　7—密炼室
8—倒料涡轮箱　9—旋转接头　10—冷却管

10.4.1.2　操控面板

密炼机控制面板如图10-2所示。

面板控制键说明（详见机台电控面板）：

（1）电热开关：接通或切断电热器供电。

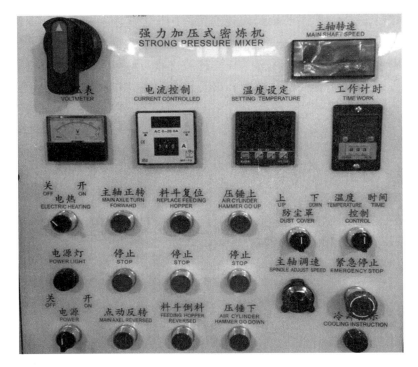

图10-2　密炼机控制面板

（2）电源灯：机台通电指示灯。

（3）电源开关：接通或切断机台供电。

（4）主轴正转：搅拌轴混炼工作状态（两转子相对转动，使物料从两转子中间卷入，进行剪切分散）。

（5）停止：停止主轴运转。

（6）主轴反转：搅拌轴非正常混炼工作状态（两转子逆向转动，使物料从两转子中间向外排出）。

（7）主轴调速：调整主轴运转转数。

（8）料斗复位：料斗自动回到原厂设定水平位置。

（9）停止：料斗在倒料与复位过程中，可在设定范围内的任意角度停止。

（10）料斗倒料：料斗翻转至设定角度倒料。

（11）压锤上：加压锤自动上升至顶部上限位。

（12）停止：加压锤在上升或下降过程中，可在任意位置停止。

（13）压锤下：加压锤自动下降到下底部位置。

（14）控制：温度与时间两种控制方式。

（15）防尘罩：防尘罩上与下，分别控制防尘罩上升与下降。

（16）集尘器：集尘开关用来控制集尘器（此控制为预留控制）。

（17）冷却指示：指示灯亮，表示冷却电磁阀打开；反之，则为关闭。

（18）紧急停止：遇突发或意外事件，强行停止。

10.4.1.3 密炼机操作流程

（1）按机器铭牌所示正确接通电源、气源与水源。

（2）在操作面板上【电源】旋钮开关至"开"位置，等待数秒启动，指示【电源灯】亮，机台已通电，查看气压表指针显示，正常压力为0.5～0.8MPa。将【防尘罩】旋钮开关旋至"上"位置，使防尘罩上升到上限位，按【压锤上】按钮，使压锤上升到顶部上限位。

（3）在【温度设定】下，温控器上设定混合物料的加工料温（视配方而定），将【电热】旋钮开关旋至 "开"位置，加热器通电（只有在设定温度值高于显示值时，加热自动启动），在【工作计时】下，计时器上设定炼胶时间。在【调速盘】上，调节旋钮，设定主轴转速（注意：做硬度较高或硬度在65度左右的块料时，转速设定在70～85刻度之间，保持低转速高扭力，有效防止电动机过电流，视加工情况设定转速）。

（4）准备投料，为方便投料可按【料斗倒料】，使料斗倾斜至一个合适投料角度。按【停止】，投入配方料（投入先后次序与方法视配方工艺而定）。

（5）按【料斗复位】，料斗自动回正，回到复位限位点。

（6）按【主轴正转】，启动主轴转动开始密炼。

（7）按【压锤下】，压锤下降加压物料，封闭加压混炼。在【防尘罩】旋钮开关旋至"下"位置，防尘罩下降到下限位（注意：如在按【压锤下】后，压锤不动作，检查料斗是否回到复位点）。

（8）用控制旋钮开关选择温度或时间控制方式，选择温度控制，当混合料温到达设定值时，蜂鸣器报警；选择时间控制，当混合时间到达设定时间值时，蜂鸣器报警。

（9）在加压混炼过程中，物料性质变化，当电流瞬间过大时，压锤会有一个上升动作，当电流低于设定过载值时，压锤下降，压锤下降动作可保护电动机负载。

（10）将【防尘罩】旋钮开关旋至"上"位置，使防尘罩上升到顶部上限位。按【压锤上】，使压锤上升到顶部上限位。

（11）按【料斗倒料】，密炼室料斗自动翻转到设定角度停止，开始卸料（可在翻料时任意角度按【料斗停止】）。

（12）待卸料完后，按【料斗复位】，料斗自动倒正回到复位限制点，此时完成一个炼胶过程，待下一次投料。

（13）操作过程中，若遇突发事件，急时按下操作面板上的急停按钮。

10.4.2 双腕挤出造粒机

10.4.2.1 设备结构

双腕挤出机结构如图10-3所示。

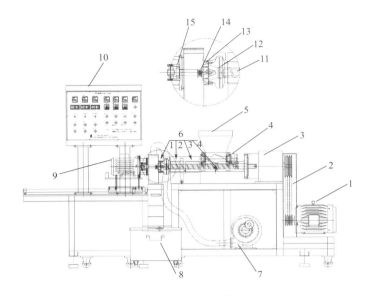

图10-3　挤出机结构图

1—电动机　2—皮带　3—齿轮箱　4—双腕传动齿轮　5—加料斗　6—加热片（四组）　7—冷却风机　8—接料
9—切粒电动机　10—操控面板　11—螺杆　12—钢套　13—模面　14—切刀　15—轴承

10.4.2.2　操控面板

挤出机控制面板如图10-4所示。

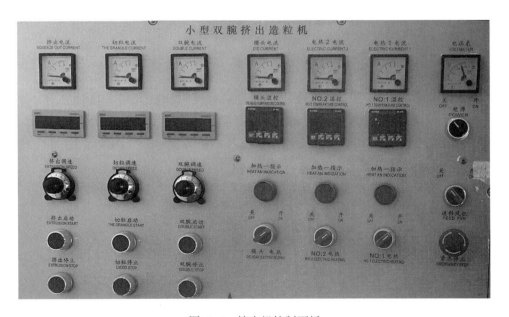

图10-4　挤出机控制面板

（1）电源开关：接通或切断机台供电。

（2）送料风机：进风到风罩风冷切粒。

（3）紧急停止：遇突发或意外事件，强行停止。

（4）1段加热：电流显示，温度设定，电热开关。

（5）2段加热：电流显示，温度设定，电热开关。

（6）3段加热：电流显示，温度设定，电热开关。

（7）双腕电流：显示双腕电动机工作电流。

（8）双腕调速：手动旋转电位器调速，配数显转数表，当前显示入料轴的转数。

（9）切粒调速：手动旋转电位器调速，配数显转数表，当前显示切刀的转数。

（10）挤出调速：手动旋转电位器调速，配数显转数表，当前显示螺杆的转数。

10.4.2.3　双腕挤出造粒机操作流程

（1）按机器铭牌所示正确接通电源、气源及水源。

（2）查看机台加料斗是否有杂物，出料模腔内不可有存料，锁紧包箍。

（3）将在操作面板上的【电源】旋钮开关旋至"开"位置，等待数秒启动，指示【电源灯】亮，机台已通电。

（4）在【电热】下，温控器上设定挤出物料的加工料温（视配方而定）。将【电热】旋钮开关旋至"开"位置，加热器通电。

（5）待加热温度达到设定温度后，准备投料。

（6）将密炼机混好的料，投入双腕料斗，双腕调速器调到10刻度后，启动双腕后，数显转速表显示当前转数，旋转调速器，将当前转速调到20r/min左右（双腕全速约35r/min）。

（7）再一次确认模头包箍也锁紧，挤出调速器调到10刻度后，启动挤出主机后，数显转速表显示当前转数，旋转调速器，将当前转速调到15r/min左右（全速挤出主机约50r/min），待模头挤出料条均匀后，停止挤出主机。

（8）准备切粒，将切粒滑架轻滑至切刀接触到模面，启动切刀切粒，切粒调速器调到20刻度后，先启动送料风机，后启动挤出主机，看切出颗粒大小，在线调节。如切出颗粒太小，可适当加快挤出主机转速，反之减小挤出主机转速。如需提高产量，可以同时提高切刀、挤出主机与双腕转速。

（9）加工完毕后，停机：先停双腕 → 挤出主机 → 切粒，切断进线电源。

（10）佩戴高温防护手套，打开模腔，低速转动螺杆，挤出螺杆里会有存料，清理模腔内物料，保持机台清洁，盖上双腕入料防尘盖子。

10.5　实验任务

采用密炼挤出工艺，设计一种EPDM/PP动态硫化弹性体，要求具有较好的弹性、合适的硬度及强度。

方案设计中应对以下问题做出阐述：

（1）设计合适的橡塑比例，不同的橡塑比对弹性体性能有什么影响？针对不同硬度和强度要求该如何调整橡塑比例？

（2）设计动态硫化橡胶的硫化体系，硫化剂的用量及种类对弹性体性能有什么影响？对加工时间和温度有什么要求？

（3）EPDM/PP动态硫化体系中是否需要加入相容剂？为什么？

（4）EPDM/PP动态硫化体系中是否需要加入增塑剂？增塑剂的种类和对弹性体的性能有什么影响？

（5）简述EPDM/PP动态硫化体系中填料的种类及用途。

10.6 实验报告要求

※ 设计任务

※设计思路与原理

※ 实验原料

EPDM/PP动态交联弹性体实验原料见表10-1。

表10-1 EPDM/PP动态交联弹性体实验原料

原材料	生产厂家及牌号	用量	说明
1			
2			
3			
⋮			

※ 实验主要设备

EPDM/PP动态交联弹性体实验主要设备见表10-2。

表10-2　EPDM/PP动态交联弹性体实验主要设备

设备名称	生产厂家及牌号	用途	说明
1			
2			
3			
⋮			

※ 配方及工艺设计

硫化体系设计列于表10-3中。

表10-3　硫化体系设计

组成	名称/牌号	$1^{\#}$	$2^{\#}$	$3^{\#}$
橡胶相	EPDM/⋯			
硫化剂				
促进剂				

硫化性能列于表10-4中。

表10-4　硫化性能

测试项目	$1^{\#}$	$2^{\#}$	$3^{\#}$
硫化温度（℃）			
焦烧时间t_{10}（s）			
正硫化时间t_{90}（s）			
最高扭矩MH（N·m）			
最低扭矩ML（N·m）			

EPDM/PP配方及性能列于表10-5中。

表10-5　EPDM/PP配方及性能

材料名称	$1^{\#}$	$2^{\#}$	$3^{\#}$	$4^{\#}$
EPDM				
PP				

续表

材料名称	1#	2#	3#	4#
加工工艺				
密炼温度（℃）				
密炼时间（s）				
性能参数				
邵氏硬度（A型）				
拉伸强度（MPa）				
100%定伸强度（MPa）				
断裂伸长率（%）				
打击回弹率（%）				
压缩永久变形（%）				

※ 设计产品照片

※ 实验中的环境影响分析

※ 实验心得

10.7　思考题

（1）为什么橡胶相的交联程度提高，TPV材料的强度提高，韧性变好，而永久变形下降？

（2）如何确定EPDM/PP体系的加工温度和加工时间？

（3）焦烧时间对TPV相畴分布有什么影响？